FORSCHUNGSBERICHTE DES LANDES NORDRHEIN-WESTFALEN
Nr. 2299

Herausgegeben im Auftrage des Ministerpräsidenten Heinz Kühn
vom Minister für Wissenschaft und Forschung Johannes Rau

Prof. Dr.-Ing. Paul-August Koch
Dr.-Ing. Günter Feier
Textil-Ing. Burkhard Hoffmann

Institut für Textiltechnik der
Rhein.-Westf. Techn. Hochschule Aachen

Untersuchungen über die Quersprödigkeit neuer Synthesefasern sowie über die Beziehung zwischen Querschnittsform bzw. -aufbau und Quersprödigkeit bei Synthesefasern

Springer Fachmedien Wiesbaden GmbH 1973

ISBN 978-3-531-02299-4   ISBN 978-3-663-20277-6 (eBook)
DOI 10.1007/978-3-663-20277-6

© 1973 by Springer Fachmedien Wiesbaden

Ursprünglich erschienen bei Westdeutscher Verlag, Opladen 1973

Gesamtherstellung: Westdeutscher Verlag

Inhalt

1. Einleitung 5

2. Bislang beschriebene Geräte zur Bestimmung des Quersprödigkeitswinkels 6
   2.1 Erste Geräte zur Bruchverdrehungsprüfung 6
   2.2 Gerät zur Bestimmung des Bruchverdrehungswinkels nach P.-A.Koch 6
   2.3 Nachgebautes Gerät des Instituts für Textiltechnik der TH Aachen 7

3. Berechnung des Quersprödigkeitswinkels 8

4. Bislang ermittelte Ergebnisse 10

5. Neuentwicklung eines Gerätes zur Bestimmung des Quersprödigkeitswinkels 11

6. Mit dem neuen Gerät durchgeführte Untersuchungen 14
   6.1 Grundlegende Versuche an einem feinen Polyamid-6-Monofil (19 dtex) 14
   6.1.1 Einfluß der Zugbelastung der Faser (gegen Schleifenbildung und "Wendeln" beim Verdrehen) 16
   6.1.2 Einfluß der Einspannlänge 17
   6.1.3 Einfluß der Spindeldrehzahl (Verdrehgeschwindigkeit) 18
   6.2 Untersuchungen an neuen Synthesefasern 18
   6.2.1 Neue Polyamidfaser-Typen 18
   6.2.2 Synthese-Profilfasern 22
   6.2.3 Bikomponentenfasern 23

7. Zusammenfassung 25

Danksagung 27

Literaturverzeichnis 28

Abbildungen 29

1. Einleitung

Die für die Untersuchung von Einzelfasern üblicherweise angewendeten mechanisch-technologischen Prüfverfahren, insbesondere die Reißversuche, charakterisieren die Eigenschaften der Fasern nur in Bezug auf ihre Längsrichtung. Demgegenüber sind die Beanspruchungen, denen die Fasern bei der Verarbeitung wie im Gebrauch unterworfen sind, in den seltensten Fällen reine Längs- bzw. Zugbeanspruchungen, vielmehr treten dabei vielfach auch Querbeanspruchungen auf. Ein sehr praktikables Verfahren zur Beurteilung der Verformfähigkeit der Fasern in Querrichtung stellt die Bruchverdrehungsprüfung [1, 2] dar, bei welcher eine Faser um die eigene Achse bis zum Zerreißen ("Zerdrehbruch") verdreht wird. Die Ergebnisse solcher Prüfungen lassen Aussagen über die "Querspr̈ödigkeit" der Faserstoffe zu. Der hieraus zu errechnende feinheitsunabhängige Quersprödigkeitswinkel *) hat sich darüber hinaus als ein Kriterium für die strukturelle Beschaffenheit der Faserstoffe erwiesen [2]. Er stellt eine materialspezifische Kennzahl dar, welche auf Unterschiede im strukturellen Aufbau von Chemiefasern, so auch auf Unterschiede im Verstreckungsgrad von Synthesefasern, anspricht und für diagnostische Zwecke herangezogen werden kann.

Seit den ersten eingehenden Untersuchungen über die Quersprödigkeit von Synthesefasern [2] sind Wege gefunden worden, die Querschnittsform von Synthesefasern gezielt zu modifizieren [5]. Durch z. B. dreilappige ("trilobale") oder sternförmige bzw. auch hohle Querschnitte können Glanz und Griff dieser "Profilfasern", sowie deren Verarbeitungseigenschaften beeinflußt werden. Unter den Gebrauchseigenschaften läßt sich unter anderem die nachteilige Pilling-Bildung bei Synthese-Spinnfasern von dieser Seite her vermindern [6]. - Andere neue Entwicklungen führten zur Erzeugung von Bikomponentenfasern [7], die aus zwei fest, aber trennbar miteinander verbundenen Polymeren verwandter Natur schichtig aufgebaut sind und beispielsweise bei den S/S-Typen auf Grund unterschiedlicher Schrumpfung eine stabile dreidimensionale Kräuselung hervorbringen lassen. Beide Arten von Spezialerzeugnissen der Chemiefaserindustrie gewinnen laufend größere Bedeutung und werden in steigenden Mengen produziert und verarbeitet.

In der vorliegenden Arbeit sollen zunächst die Ergebnisse der Quersprödigkeitsprüfung einiger neuartiger Polyamidfaser-Typen erörtert, sodann die Beziehungen zwischen den Querschnittsformen bzw. dem Querschnittsaufbau der Profil- bzw. Bikomponentenfasern und ihrer Quersprödigkeit untersucht werden.

---

*) Koch [1, 2] hatte, wie schon Husung [3], den Winkel a_D zunächst als "Bruchverdrehungswinkel" bezeichnet, nannte jedoch später [4] diesen Winkel "Quersprödigkeitswinkel" und ordnete dem Komplementärwinkel φ_D die Bezeichnung "Bruchverdrehungswinkel" zu. Der Bruchverdrehungswinkel φ_D entspricht damit der technisch üblichen Bezeichnung eines Verdrehungswinkels, bei welchem bei der Verdrehung Null der Winkel $\varphi = 0°$ ist. a_D und φ_D ergänzen sich zu 90°. Siehe hierzu Abb. 1.

Die 1949 entwickelte Prüfvorrichtung für die Ermittlung des Quersprödigkeitswinkels [1] bedurfte für neue Untersuchungen einer den heutigen Anforderungen entsprechenden Neukonstruktion. Dabei sind eine hohe mechanische Stabilität der Prüfeinrichtung selbst, einwandfreie Laufeigenschaften der Spindel, vollkommenes Vermeiden von mechanischen Störschwingungen sowie eine befriedigende Lösung der Vorrichtung zum Aufbringen verschiedener, auch minimaler Vorspannungen während der Verdrehung sicherzustellen. Ferner mußte das Klemmenproblem für die verschiedensten, sehr empfindlichen Chemiefasern gelöst werden.

2. Bislang beschriebene Geräte zur Bestimmung des Quersprödigkeitswinkels

Zur Ermittlung des Quersprödigkeitswinkels wird die zu untersuchende Faser in zwei Klemmen eingespannt, von denen die eine Drehungen um die Faserlängsachse ausführen kann. Die entkräuselt eingespannte Faser ist mit einer geringen Vorspannkraft (Längskraft) belastet, um zu verhindern, daß sich während des Verdrehens Schlaufen und Doppeldrehungen bilden können. Die unter Vorspannkraft stehende Probe wird tordiert, bis der Verdrehbruch eintritt, wobei die erreichte Anzahl der Umdrehungen die Bruchdrehzahl darstellt.

2.1 Erste Geräte zur Bruchverdrehungsprüfung

Krais [8] schlug als erster vor, die Bruchdrehzahl als Kriterium für die Fasereigenschaften heranzuziehen. Zur Ermittlung dieses Wertes versah er den Deforden-Faserreißfestigkeitsprüfer mit einer Drehklemme. - Husung [3] ermittelte die Bruchdrehzahlen unter Verwendung eines Zusatzgerätes zum Schopper-Faserreißfestigkeitsprüfer. Er bestimmte als erster den beim Verdrehbruch vorliegenden Steigungswinkel einer Mantellinie der als zylindrisch angenommenen Faser. Auf diesen Steigungswinkel wird in Abschnitt 3 eingegangen. - Breuer [9] verwendete zur Bestimmung von Bruchdrehzahlen eine speziell hierfür entwickelte einfache Apparatur. Sie besteht aus einer Drehklemme mit vertikal angeordneter Achse. Der Antrieb erfolgt über eine Schnurlaufrolle. Die Fasern wurden direkt zwischen den Klemmbacken eingespannt. Die untere Klemme (feststehend) konnte, um eine Zentrierung zu ermöglichen, in einer waagrechten Ebene in zwei zueinander senkrechten Richtungen verschoben werden.

2.2 Gerät zur Bestimmung des Bruchverdrehungswinkels nach P.-A.Koch

Zur Messung der Bruchverdrehung benutzte P.-A.Koch [1, 2] einen geeigneten Garndrehungsprüfer. Ein Spezialaufsatz (Abb. 2) ermöglichte die Einstellung beliebiger auch sehr geringer Vorspannungen, so daß die Faser unter konstant bleibender Vorspannkraft bis zum Bruch verdreht werden konnte. Die Fasern wurden für die Verdrehungsprüfung einzeln auf Papierrähmchen von etwa 20 x 30 mm mit einem ausgestanzten Mittelquadrat von genau 10 x 10 mm (= genormte Einspannlänge) aufgeklebt. Dies ermöglicht unter anderem bei Vorliegen annähernd kreisrunder Fasern eine bequeme Durchmesser-Bestimmung der einzelnen Faser unter dem Mikroskop. Nach

Einspannen des Rähmchens in den Spezialaufsatz am Drehungsprüfer und Wegschneiden der beiden freiliegenden Rähmchenseiten ließ sich die nun ungehindert zwischen den Klemmen gehaltene Faser bis zum Bruch verdrehen. Mit fortschreitender Umdrehungszahl verkürzt sich die eingespannte Faser, wobei die nicht rotierende linke Klemme diese Faserverkürzung unter der vorgegebenen Anspannkraft zuläßt. Hierzu ist diese Klemme an einem Ende eines in einem reibarmen Wälzlager gelagerten Doppelhebels angeordnet. Der zweite Schenkel des Doppelhebels trägt ein verschiebbares Laufgewicht, durch welches die Vorspannung stufenlos einzustellen ist. Ein wenn auch nur unbedeutender grundsätzlicher Fehler wird durch die kreisbogenförmige Bewegung der nicht rotierenden Klemme eingeführt. Die eingespannte Faserprobe wird dadurch bei der Verdrehung bis zum Bruch infolge der Faserverkürzung um einen geringen Betrag aus ihrer axialen Lage ausgelenkt. Außerdem verändern sich dabei die kraftwirksamen Hebelarme des Doppelhebels geringfügig. Beide Fehler können aber vernachlässigt werden.

2.3 Nachgebautes Gerät des Instituts für Textiltechnik der TH Aachen

Da der Spezialaufsatz im Jahre 1966 nicht mehr lieferbar war, wurde am Institut für Textiltechnik der Technischen Hochschule Aachen im Rahmen einer Studienarbeit [10] ein Zusatzgerät zu einem vorhandenen Garndrehungsprüfer gebaut. Dieses Zusatzgerät (Abb. 3) ist im prinzipiellen Aufbau dem von Koch angegebenen und vorstehend beschriebenen Spezialaufsatz ähnlich. Bei der Neukonstruktion wurde jedoch eine andere Lagerung des Hebelsystems gewählt, da die durch die Drehbewegung des verwendeten Wälzlagers hervorgerufene Reibung die erforderlichen niedrigen Vorspannkräfte für die Faser nicht zuließ. Es wurde darum auf dem Schlitten zur Einstellung der Einspannlänge ein doppeltes Schneidenlager angeordnet, in welchem das Hebelsystem gelagert ist. Die beiden gehärteten Schneiden haben in der V-förmigen Wanne des Lagers ihren Drehpunkt. Der Abstand der beiden Schneiden voneinander ist durch den Abstand der rotierenden Klemme von der Befestigungsschiene des Drehungsprüfers vorgegeben. Hierdurch wird außerdem ein Kippen des Hebelsystems senkrecht zur Schwenkbewegung des Lagers verhindert, wie es durch die unsymmetrische Anordnung der Hebel leicht möglich wäre. Bei einem Wälzlager ruft ein durch eine Unsymmetrie hervorgerufenes seitliches Kippmoment eine zusätzliche Reibung im Lager hervor, wodurch die geforderten geringen Vorspannkräfte nicht zu realisieren sind.

Die beschriebene Hebelanordnung ist instabil, d. h. bei Faserbruch würden die Schneiden aus der Wanne springen. Dies wird durch seitliche Führungsplatten, die mit Langlöchern zur Führung des Hebelsystems versehen sind, verhindert. Während der Beanspruchungszeit der Probe berührt das Hebelsystem die Führungen nicht, um keine zusätzliche Reibung zu erzeugen.

Die Vorspannkraft kann durch Verstellen des Belastungsgewichtes stufenlos variiert werden. Eine kreisförmige Skala erleichtert die Einstellung der Vorspannkraft. Eine zusätzliche, am vorderen Führungsblech angeordnete Skala ermöglicht eine Kontrolle der konstanten Vorbelastung der Probe, da durch die Schwenkbewegung des Hebelsystems geringe Abweichungen der Einspannlage der Papierrähmchen bei den verschiedenen Proben auch geringe Unterschiede der Belastung ergeben würden.

3. Berechnung des Quersprödigkeitswinkels

Ausgehend von der Bruchdrehzahl, für welche bei vorgegebener Einspannlänge der zu prüfenden Faser die Anzahl der Drehungen je Längeneinheit der Faser ermittelt wird, die bis zum Bruch der Faser aufgebracht werden konnte, haben Husung [3] sowie Koch [1] eine Größe eingeführt, die nicht wie die Bruchdrehung von der Faserfeinheit abhängig ist, nämlich einen Verdrehungswinkel. Dieser von Koch <u>Quersprödigkeitswinkel</u> genannte Winkel - siehe hierzu auch Fußnote auf Seite 5 - ist definiert als der Steigungswinkel der Schraubenlinie der Verdrehung, die auf dem Faser-Zylindermantel aufgezeichnet ist (Abb. 1), im Augenblick des Zerdrehbruches.

Der Quersprödigkeitswinkel a_D errechnet sich aus

$$\tan a_D = \frac{1}{\pi \cdot d \cdot D_B}, \tag{1}$$

worin bedeuten

- l = Prüflänge (Einspannlänge) der Faser [mm]
- d = Faserdurchmesser [mm]
- D_B = Anzahl der Verdrehungen, die beim Verdrehbruch auf die gewählte Faserlänge l erreicht ist.

Diese Beziehung trifft exakt nur zu bei annähernd kreisrunden Fasern.

Die Formel vereinfacht sich für runde Fasern, wenn die Prüflänge der Faser entsprechend den Normen mit 10 mm gewählt wird, zu

$$\tan a_D = \frac{3183}{d \cdot D_{B10}}, \tag{2}$$

worin jetzt

- d = Faserdurchmesser [μm]
- D_{B10} = Anzahl der Verdrehungen beim Verdrehbruch auf die genormte Einspannlänge von 10 mm.

Für runde Fasern, deren metrische Feinheitsnummer Nm, deren Titer Td [den.] oder deren tex-Feinheit Tt [dtex] gegeben ist, gelten für die gleiche, genormte Einspannlänge von 10 mm die folgenden Beziehungen [1]:

$$\tan a_D = \frac{2,819}{D_{B10}} \cdot \sqrt{Nm \cdot s} \tag{3}$$

$$\tan a_D = \frac{267,4}{D_{B10}} \cdot \sqrt{\frac{s}{Td}} \tag{4}$$

$$\tan a_D = \frac{283}{D_{B10}} \cdot \sqrt{\frac{s}{Tt}} \tag{5}$$

In diesen Formeln bedeuten

D_{B10} = Anzahl der Verdrehungen beim Verdrehbruch auf die genormte Einspannlänge von 10 mm

Nm = metrische Feinheitsnummer

Td = (Einzelfaser-)Titer in [den.]

Tt = (Einzelfaser-)Feinheit in [dtex]

s = spezifisches Gewicht der Faser in [p/cm^3].

Die Gl. (3) bis (5) zur Ermittlung des Quersprödigkeitswinkels α_D können in erster Näherung auch für Filamente bzw. Spinnfasern verwendet werden, deren Querschnittsfläche von der Kreisform nicht allzu stark abweicht. Hingegen sind für Filamente bzw. Fasern mit stark von der Kreisform abweichenden Querschnittsformen die Beziehungen sicher nicht mehr ohne Einschränkungen gültig. Hierzu zählen beispielsweise ovale, längsgestreckte, tief gelappte, nierenförmige, hohle Querschnittsformen. Es ist zu vermuten, daß solche Querschnittsarten in starkem Maße das Widerstandsmoment der Faser, insbesondere bezüglich einer Verdrehung, beeinflussen.

Aus der Festigkeitslehre der Metalle ist bekannt, daß kristalline Körper unter Beanspruchung durch Torsionskräfte bei kreisförmigem Querschnitt von der Mitte zum Rand linear ansteigende Torsionsspannungen aufweisen, während dies bei nicht allseitig symmetrischen Querschnitten nicht mehr der Fall ist. Bei letzteren ergeben sich oft starke nicht-lineare Torsionsspannungsverläufe, die zum größten Teil nur näherungsweise zu erfassen sind. Da aber die Fasermaterialien anders als die kristallin aufgebauten Metalle eine gemischt-amorphe Struktur aufweisen und zudem die Querschnittsform auch bei sorgfältigstem Erspinnen erheblichen Formschwankungen unterworfen sein kann, wird in der textilen Festigkeitslehre eine mathematisch-analytische Behandlung dieses Problems sehr schwierig, wenn nicht gar unmöglich. Bei der Torsion nicht rotations-symmetrischer Querschnitte von Fasern verformen sich die Querschnittsebenen des beanspruchten Körpers, so daß auch hierdurch Beeinflussungen auf die Größe des Quersprödigkeitswinkels zu erwarten sind. Diese Verformung ist aber einer Beobachtung und Messung wegen der Feinheit der Fasern und ihrer Querschnittsschwankungen so gut wie nicht zugänglich. Eine Berechnung der Beanspruchungskräfte erfordert erheblichen mathematischen Aufwand, ist nur für isotrope Körper mit konstanten Eigenschaften möglich und scheitert aus diesem Grund an der kristallin-amorphen Grundstruktur der Textilfasern.

Es bleibt daher - wenigstens beim heutigen Stand der Erkenntnis - lediglich die Einführung von Formfaktoren möglich, mit deren Hilfe die Veränderung des Quersprödigkeitswinkels in Abhängigkeit von der Querschnittsform bei konstanter Querschnittsfläche und gleichem Material erfaßt werden kann. Mittels solcher Formfaktoren läßt sich demnach angeben, ob und inwieweit die Quersprödigkeit der Faser durch geeignete Querschnittsform zu beeinflussen ist.

Ausgehend von diesen Überlegungen kann ein fiktiver Durchmesser errechnet werden, welchem die tatsächliche Querschnittsfläche Q zugrunde liegt, die entweder aus mikroskopischen Querschnitten planimetrisch ermittelt wird oder aus der metrischen Nummer, dem Titer bzw. aus der Feinheit bestimmt werden kann. Danach gilt:

$$d_f = 2\sqrt{\frac{Q}{\pi}} , \qquad (6)$$

worin

d_f = fiktiver Faserdurchmesser [μm]
Q = Querschnittsfläche der Faser [(μm)^2].

Entsprechend läßt sich d_f nach folgenden Formeln berechnen:

$$d_f = 1130 \cdot \sqrt{\frac{1}{s \cdot Nm}} \quad [\mu m] \qquad (7)$$

$$d_f = 11{,}9 \cdot \sqrt{\frac{Td}{s}} \quad [\mu m] \qquad (8)$$

$$d_f = 11{,}28 \cdot \sqrt{\frac{Tt}{s}} \quad [\mu m], \qquad (9)$$

worin die Größenbezeichnungen wie bei den Gl. (3) bis (5) gelten.

Der Formfaktor k ermittelt sich nun aus dem Verhältnis des Quersprödigkeitswinkels a_{D1} des nicht-runden Querschnitts zum Quersprödigkeitswinkel a_D einer Faser mit kreisrundem Querschnitt unter der Voraussetzung, daß beide Fasern eine gleichgroße Querschnittsfläche haben, wie folgt:

$$k = \frac{a_{D1}}{a_D}. \qquad (10)$$

Ist der Formfaktor k > 1, so kennzeichnet dies ein Material, welches gegenüber einer runden Faser gleicher Feinheit eine größere Quersprödigkeit aufweist; bei k < 1 ist die Sprödigkeit geringer. Der Formfaktor der Quersprödigkeit ist demnach geeignet, Aussagen über die Veränderung der Quersprödigkeit durch Variation der Querschnittsform zu ermöglichen. Hierdurch wird dem "fibre engineering" in Chemiefaserwerken ein Mittel bereitgestellt, die Querschnittsform von Chemiefasern systematisch den speziell geforderten Gebrauchseigenschaften anzupassen.

Die Berechnung des fiktiven Durchmessers erübrigt sich, wenn direkt nach den Gl. (3), (4) und (5) der Quersprödigkeitswinkel einer unrunden Faser bestimmt wird; allerdings bringt diese Vereinfachung des Prüf- und Auswerteverfahrens den Einschluß eines entsprechenden Fehlers mit sich.

4. Bislang ermittelte Ergebnisse

Quersprödigkeitswinkel von Natur- und von Chemiefasern sind von Koch [1, 2] und weiteren Autoren [3, 10] ermittelt und bekanntgegeben worden. Eine umfassende Zusammenstellung von solchen Werten findet sich in [4]. Der dort veröffentlichten Tabelle ist zu entnehmen, daß die Quersprödigkeitswinkel der verschiedenen Faserarten insgesamt gesehen in weitem Umfang streuen, während den einzelnen Faserarten relativ enge Bereiche zukommen.

In Tab. 1 sind für Polyamidfasern, deren neue Typen in der vorgelegten Arbeit bezüglich ihrer Quersprödigkeit eingehend untersucht wurden, die bisher ermittelten Streubereiche des Quersprödigkeitswinkels nach einer Zusammenstellung in den "Faserstoff-Tabellen" von P.-A. Koch [12] angegeben. Wie auch bei anderen Synthesefaser-Arten, sind hier verschiedene Werte-Bereiche angeführt je nachdem, ob die Polyamidfaser als Filament eines Endlosgarnes oder als Spinnfaser vorliegt. Der Grund für diese Unterschiedlichkeit ist darin zu suchen, daß Spinnfasern der Gruppe der Synthesefasern als Spinnband ersponnen und produktionsgemäß bzw. gewollt weniger stark verstreckt werden als die Endlosgarne und deren Filamente. Durch die üblicherweise also höhere Verstreckung der Filamente resultiert eine stärkere Versprödung dieser Fasern.

Tab. 1: Bereiche des Quersprödigkeitswinkels a_D verschiedener Polyamidfasern nach P.-A.Koch [12]

Polyamid 6.6	als Endlosgarn	$40\frac{1}{2}$ bis $41°$
	als Spinnfaser	$34°$
Polyamid 6	als Endlosgarn	$35\frac{1}{2}$ bis $37°$
	desgl., schwach verstreckt	27 bis $32°$
	desgl., unverstreckt	$3°$
	als Spinnfaser	27 bis $41°$
Polyamid 11	als Endlosgarn	$36°$
	als Spinnfaser	$30°$

Die nachstehend aus [4] wiedergegebene Tab. 2 ermöglicht einen Vergleich der Quersprödigkeitswinkel der verschiedenen Naturfasern und der Chemiefaser-Arten. Danach ist Baumwolle wie auch die Viskosefaser als normal schmiegsam zu bezeichnen, Schafwolle ist etwas geschmeidiger, während Flachs roh wie gebleicht als spröde anzusehen ist. In diese Stufung fügen sich die verschiedenen Synthesefaser-Arten ein mit niedrigen Quersprödigkeitswerten für Polyamid- und Polyesterfasern (extrem geschmeidig bis geschmeidig), während die Polyacrylnitrilfasern und die Polyvinylchloridfasern normal schmiegsam, die Glasfasern indessen - verständlicherweise - extrem spröde sind.

Zur Klassifizierung der Fasern nach ihrer Verformfähigkeit beim Verdrehen können die Bereichsbezeichnungen der Quersprödigkeit, die in Tab. 2 mit verzeichnet sind, allgemein herangezogen werden. Die hierfür vorgeschlagenen Begriffe sind ebenso anschaulich wie einprägsam und zeigen, daß die Quersprödigkeit für die Gebrauchseigenschaften der verschiedenen Faserarten eine ausgezeichnete Aussagekraft beinhaltet.

5. Neuentwicklung eines Gerätes zur Bestimmung des Quersprödigkeitswinkels

Die bekannt gewordenen Zusatzgeräte für Garndrehungsprüfer, mit deren Hilfe Bruchverdrehungs-Untersuchungen durchgeführt worden waren, sind heute nicht mehr lieferbar. Andererseits genügte das von Rupprecht [10] gebaute Gerät nur in begrenztem Maße den Anforderungen, welche an eine Apparatur zu stellen sind, die für große Untersuchungsreihen eingesetzt werden soll. Es wurde daher ein Gerät konzipiert, das vom Aufbau her die notwendige Stabilität aufweist, eine bequeme und rationelle Versuchsdurchführung ermöglicht und mit geringem Aufwand für die Untersuchung verschiedener mutmaßlicher Einflußgrößen geeignet ist. Die Konstruktion nach dem Baukasten-Prinzip läßt außerdem einen relativ einfach durchzuführenden Umbau des Gerätes zu, falls sich im Verlauf der Versuche ergeben sollte, daß derartige Variationen erforderlich sind.

Tab. 2: Bereiche des Quersprödigkeitswinkels a_D der wichtigsten Natur- und Chemiefasern in wertmäßiger Reihung, mit Klassifizierungsmaßstab nach P.-A.Koch [4], ergänzt

Faserstoff-Art[*]	Quersprödigkeitswinkel a_D	Klassifizierung	
Polyvinylchlorid-Spinnfaser Thermovyl	$27°$		extrem geschmeidig
Polyamid-Spinnfasern	27 bis $41°$		
Kaseinspinnfasern	28 bis $44°$		
Polyester-Spinnfasern	$30\frac{1}{2}$ bis $49°$		
Polyamid-Filamente	$35\frac{1}{2}$ bis $41°$	$40°$	
Polyvinylchlorid-Spinnfasern	37 bis $50°$		geschmeidig
Polyester-Filamente	$41\frac{1}{2}$ bis $47\frac{1}{2}°$		
Acetatfilamente und -spinnfasern	44 bis $49\frac{1}{2}°$		
Polyvinylchlorid-Spinnfaser, nachchloriert	$45°$		
Polyacrylnitril-Spinnfasern	45 bis $52°$		
Kupferspinnfasern	48 bis $50°$	$50°$	
<u>Schafwolle</u>	$48\frac{1}{2}$ bis $51\frac{1}{2}°$		normal schmiegsam
Polyvinylchlorid-Filament, nachchloriert	$50\frac{1}{2}°$		
<u>Maulbeerseide, entbastet</u>	$51°$		
Viskosefilamente und -spinnfasern, normale Typen	51 bis $54\frac{1}{2}°$		
<u>Baumwolle</u>	53 bis $56°$		
Polyvinylchlorid-Filament Rhovyl	$55°$		
Kupferfilamente (Zellstoff-)	55 bis $56\frac{1}{2}°$		
Polyacrylnitril-Filamente	55 bis $60°$		
hochfeste Viskosefilamente und -spinnfasern	$56\frac{1}{2}$ bis $58\frac{1}{2}°$	$60°$	
<u>Flachs, roh</u>	$60\frac{1}{2}°$		spröde
extremfestes Viskosefilament (Lilienfeld-)	$67°$		
<u>Flachs, gebleicht</u>	$68\frac{1}{2}°$	$70°$	
Glasfasern, Düsen-Zieh- und Stab-Ziehverfahren	85 bis $86°$		extrem spröde
Glasfasern, Düsen-Blasverfahren	$86\frac{1}{2}$ bis $87\frac{1}{2}°$		
Gesteinsfasern	$87\frac{1}{2}$ bis $88\frac{1}{2}°$		

[*] Die Werte der <u>unterstrichen</u> eingefügten Naturfasern geben lediglich die Größenordnung des Quersprödigkeitswinkels an, da hierüber umfangreichere Prüfungen noch nicht vorliegen.

Die Einspannlage der zu verdrehenden Faser sei senkrecht, weil diese Einspannung es besonders leicht ermöglicht, die Faser unter einer Anfangsspannung (Vorspannkraft) in die beiden Klemmen einzuführen. Weiterhin vereinfacht diese Anordnung das Aufbringen der bei der Bruchverdrehungsprüfung notwendigen Zugbelastung (siehe Abschnitt 6.1.1) mit günstigen Einstellmöglichkeiten.

Das neue Gerät (Abb. 4) besteht aus einem Prüfgerät-Grundkörper mit Standsäule, an der über einen Feinstelltrieb der gesamte Spindel- und Motorträger in der Höhe verstellbar angeordnet ist. Dies ermöglicht eine exakte Justierung der Einspannlänge, sowie die Untersuchung der Beziehung zwischen der Einflußgröße <u>Einspannlänge</u> und den Werten der Quersprödigkeit. Die Spindeldrehzahl des Gerätes kann mittels eines Gleichstrom-Nebenschlußmotors mit Tachogenerator und eines Thyristor-Drehzahlreglers in weiten Grenzen variiert werden. Damit läßt sich der Einfluß der <u>Verdrehgeschwindigkeit</u> auf die Höhe der Bruchdrehzahl erfassen.

Die Bruchverdrehungsprüfung muß, weil die Fasern unter dem Einfluß des aufgebrachten Torsionsmomentes zur Schlingenbildung und Doppelwindung ("Wendelbildung" - siehe 6.1.1) neigen, unter einer entsprechenden <u>Zugbelastung</u> vorgenommen werden. Diese Zugbelastung sollte über die gesamte Versuchszeit konstant bleiben. Das ist, da sich der Querschnitt der Faser während der Bruchverdrehungsprüfung in nicht bekannter Weise ändert, nur in erster Näherung möglich. Hierzu ist die Faser über die an einem Waagebalken befindliche untere Klemme belastet. Diese Konstruktion erlaubt die Bruchverdrehungsprüfung unter konstanter Zugkraft. Der Waagebalken ist reibungsarm gelagert, um die erforderliche Zugkraft an der unteren beweglichen, aber nicht drehenden Klemme einstellen zu können. Das Lager ist ein Achat-Schneidenlager mit ebener Pfanne, dem eine zusätzliche seitliche Führung durch ein Spannband gegeben wurde, um Dejustierungen während des Probenwechsels zu vermeiden. Das durch das Spannband aufgebrachte zusätzliche Drehmoment entspricht im Bereich der geringen Auslenkungen der unteren Klemme, wie Messungen ergaben, etwa 1 % der Vorlast. Dabei ist eine sorgfältige Einstellung der Spannbandhalterung vorausgesetzt. Das Schneidenlager wie auch das Spannband sind durch Justierschrauben feinfühlig einzustellen. Die einwandfreie Arbeitsweise der Lagerung kann mittels einer elektronischen Kraftmeßeinrichtung für 0 bis 10 p gut überprüft werden.

Der Lastarm der Belastungs-Einrichtung hat eine Länge von 210 mm. Bedingt durch diese Länge kann die Abweichung der Drehachse der Faser von der Ideallage der unteren Klemme unter dem Einfluß der Faserverkürzung vernachlässigt werden, sofern die Zugkraft genügend groß ist, um eine zu starke Verkürzung der Faser zu verhindern, und sofern es zu keiner Schlingenbildung kommt.

Die an der Einspannstelle aufzubringende Zugbelastung läßt sich durch Verschieben von Gegengewichten des Waagebalkens verwirklichen und mittels einer elektronischen Kraftmeßeinrichtung mit hoher Genauigkeit einstellen. Dies ist neben den schon erwähnten Variationsmöglichkeiten der Einflußgrößen ein weiterer Vorzug des neuen Gerätes.

Die obere Drehklemme wie auch die untere Belastungsklemme sind als handbetätigte <u>Federspannungs-Klemmen</u> ausgeführt, wobei der Klemmenschließdruck je nach Beschaffenheit des zu prüfenden Materials so einzustellen ist, daß ein Rutschen der Faser in den Klemmen mit Sicherheit vermieden wird, andererseits nicht ein zu hoher

Druck die Faser abquetscht. Die Klemmen sind aus Messing gefertigt; dabei können die eigentlichen Klemmbacken ausgetauscht werden, um gegebenenfalls mit anderen Klemmbacken-Materialien arbeiten zu können. So wurden Versuche mit Holzbacken, Lederbacken und Gummibacken, sowie mit beschichteten Backen (Papierauflage) durchgeführt. Alle Versuche zeigten indessen die deutliche Überlegenheit der Messingklemmbacken, wobei der Einwand, daß das Fasermaterial durch die Klemmung zusätzlich beansprucht sein könnte, durch die Tatsache entkräftet wird, daß die Verdrehbrüche zumeist in der freien Einspannzone, vorzugsweise in der Mitte, auftraten, und daß die Werte von Klemmenbrüchen - sowohl an der Klemmlinie der unteren als auch der oberen Klemme - sich in ihrer Höhe praktisch nicht von den Werten der Brüche in der freien Einspannzone unterschieden (siehe auch 6.1). Die Klemmbacken müssen aber von Zeit zu Zeit mit Kollodium (DAB 6) bestrichen und nach dem Trocknen mit sehr feinem Schmirgelpapier leicht aufgerauht werden. - Siehe hierzu auch Abb. 5!

Die untere Klemme ist so justiert, daß die Klemmebene exakt unter die Drehachse der Spindel zu liegen kommt. Die Drehklemme hat zur leichteren Einführung der zu prüfenden Faser eine oberhalb der Klemmlinie angebrachte dreieckförmige Führungsrille, so daß bei justierter Drehklemme und Einlegen der Faser in diese Führungsrille eine einwandfrei zentrische Einspannung gewährleistet ist. Die Justierung der Drehklemme kann mittels eines in der Drehspindel eingebauten Kreuzschlittens vorgenommen werden, der von Hand gegen eine ausreichende Federkraft zu verstellen ist. Mit Hilfe dieses Kreuzschlittens und der Faserführungsrille kann für jeden Faserdurchmesser der genaue Rundlauf um die Faserachse (im Rahmen der Beobachtbarkeit) sichergestellt werden.

Die Anzahl der Umdrehungen bis zum Bruch wird mit Hilfe einer berührungslos arbeitenden Lichtschranke, deren Ausgangssignal einem elektronischen Zähler zugeführt wird, ermittelt. Nach dem manuellen Nullsetzen des Zählers wird über den Drehzahlregler der Bruchverdrehungsversuch begonnen. Die genaue Beobachtung der zu zerdrehenden Faser läßt eine exakte Abstellung des Zählers durch Unterbrechung der Signalleitung von der Lichtschranke zum Zähler zu. Auch eine Abschaltung des Drehzahlreglers stoppt sofort den Zählvorgang, da - bedingt durch eine eingebaute Stop-Automatik - der Motor nach Abschaltung maximal 1/4 bis 1/5 Umdrehungen weiterläuft. Die vom Zähler angezeigte Umdrehungszahl wird in der Urliste eingetragen; sie kann aber auch mittels einer Lochstreifenstanze zur Weiterverarbeitung auf einer Rechenanlage der mittleren Datentechnik gespeichert werden.

6. Mit dem neuen Gerät durchgeführte Untersuchungen

Das neue Gerät läßt auf Grund seiner Konstruktion nach dem Baukasten-Prinzip eine Reihe von grundsätzlichen Untersuchungen zu, mit deren Hilfe zunächst die Eignung der Konstruktion geprüft und weiterhin Versuche zur Ermittlung optimaler Versuchsbedingungen bei der Bruchverdrehungsprüfung durchgeführt wurden.

6.1 Grundlegende Versuche an einem feinen Polyamid-6-Monofil (19 dtex)

Bislang wurden Fasern, deren Quersprödigkeitswinkel bestimmt werden sollte, in den weitaus meisten Fällen auf ein Papierrähmchen geklebt, um ein eventuelles Rutschen der feinen Fasern in den Klemmen zu umgehen und eine bessere Handhabung der Faserproben sicherzustellen [1]. Eine solche Vorbereitungsarbeit, die äußerste Sorgfalt erfordert, ist sehr zeitraubend. Um diese aufwendige Vorbereitung zu umgehen, wurde das Gerät so konstruiert, daß sowohl Fasern im Rähmchen als auch direkt geklemmte Fasern ohne Schwierigkeiten verdreht werden können. Ein bei der Bruchverdrehungsprüfung mit direkter Einspannung - ohne Rähmchen - sehr wesentlicher Gesichtspunkt ist die Untersuchung der Lage der Bruchstelle. In einer diesbezüglich an dem feinen Polyamid-6-Monofil 19 dtex durchgeführten Versuchsreihe (Tab. 3) wurden bei 2 verschiedenen Belastungsstufen jeweils soviel Einzelversuche durchgeführt, daß 100 Einzelwerte von Brüchen in der freien Einspannzone (z = zwischen den Klemmen) erhalten wurden. Die darüber hinaus in der Versuchsreihe angefallenen Werte von Brüchen an der unteren (u) bzw. oberen (o) Einspannklemme wurden getrennt gemittelt. Dabei zeigte sich, daß die Lage der Bruchstelle praktisch keinen Einfluß auf die Bruchdrehzahl ausübt. Auch bei den späteren Versuchsreihen, bei denen anfangs aus den u- und o-Werten noch getrennte Mittelwerte errechnet wurden, zeigten sich durchweg zwischen den z-, u- und o-Werten nur so geringe Abweichungen, daß sich für die Quersprödigkeitsprüfungen keine Notwendigkeit ergibt, die u- und o-Werte, d. h. Klemmenbrüche, zu eliminieren oder getrennt zu betrachten.

Tab. 3: Anteil und Höhe der Bruchdrehzahl-Werte D_{B10} mit Bruch zwischen den Klemmen bzw. an der oberen oder unteren Klemmlinie der Faser [Polyamid-6-Monofil 19 dtex] - Einspannlänge 10 mm, Vorspanngewicht 200 mp, Verdrehgeschwindigkeit 170 U/min -

Belastung [kp/mm^2]	N_{ges}	Bruch zwischen Klemmen				Bruch an oberer Klemme				Bruch an unterer Klemme			
		N	Mittelwert $\bar{x}$	Einzelwerte x_{max}	x_{min}	N	Mittelwert $\bar{x}$	Einzelwerte x_{max}	x_{min}	N	Mittelwert $\bar{x}$	Einzelwerte x_{max}	x_{min}
.5	155	100	75,60	78,4	70,7	22	75,87	78,2	73,7	8	75,19	76,9	73,0
6	119	100	76,13	80,4	71,7	10	76,51	79,6	73,1	8	75,71	78,5	72,6

Die an der Gesamtzahl N_{ges} fehlenden Werte (bei 5 kp/mm^2 N = 25, bei 6 kp/mm^2 N = 1) waren Proben mit Schleifenbildung (siehe 6.1.1).

Im Rahmen der grundlegenden Versuche wurden sodann der Einfluß der Zugbelastung (gegen Schleifenbildung und "Wendeln" bei der Verdrehung), der Einfluß der Einspannlänge und derjenige der Spindeldrehzahl (Verdrehgeschwindigkeit) auf die Versuchsergebnisse untersucht.

Bezüglich der notwendigen <u>Zahl der Einzelversuche</u> hatte bereits Koch [1] eingehende Studien durchgeführt und für normale Prüfungen eine Versuchsanzahl von 50 als genügend erachtet unter Berücksichtigung der Forderung, daß der wahrscheinliche Fehler f für den Quersprödigkeitswinkel normalerweise unter 1 % liegen sollte (was einem f für die Bruchdrehzahlwerte von etwa 1,5 % entspricht). Bei sehr ungleichmäßigem Fasermaterial ist die Versuchsanzahl entsprechend höher zu bemessen. Da die Fehlerwerte bei Koch für 50 Einzelversuche wiederholt an der Grenze des zuzulassenden Fehlers lagen, wurde die Zahl der Einzelversuche für die grundsätzlichen Versuchsreihen der vorliegenden Arbeit mit <u>100</u> festgelegt und bei größerer Streubreite noch entsprechend erhöht.

6.1.1 Einfluß der Zugbelastung der Faser (gegen Schleifenbildung und "Wendeln" beim Verdrehen)

Bei Koch [1] wurden Naturfasern im allgemeinen unter einer Belastung von etwa 1 kp/mm² verdreht. Nur besonders dehnbar-elastische Fasern, wie die Polyamidfasern, wurden mit 2,5 bis 5 kp/mm² vorbelastet, um die Bildung von Schleifen während der Verdrehung zu vermeiden.

Mit dem neuen Prüfgerät sollte untersucht werden, wie die Höhe der Zugbelastung der Faser die Bruchdrehzahl beeinflußt. Bei diesen Versuchen zeigte sich zunächst, daß speziell die Synthesefasern bei zu niedrigen Zugbelastungen ab einer gewissen Drehungszahl zu einer Schleifenbildung und anschließendem "Wendeln" neigen. Die Schleifenbildung beginnt zumeist an einer Faserknick- oder -stauchungsstelle (Einschnürstelle) oder an den Klemmlinien. Ab dem Zeitpunkt des Auftretens der Schleife legen sich dann meist alle weiteren Verdrehungen in die entstehende "Wendel" (Abb. 6), wobei sich die Probe stark verkürzt und - nach den Ergebnissen der Bruchverdrehungsprüfung solcher Proben zu urteilen - kaum noch beansprucht wird. Die Proben zerreißen dann erst bei Erreichen einer gegenüber dem wendelbildungsfreien Versuchsablauf wesentlich höheren Umdrehungszahl. Die Vermutung, daß die Schleifenbildung an einer Stelle der Faser mit geschwächtem Widerstandsmoment eingeleitet wird, konnte durch einen Modellversuch bestätigt werden; der gleiche Effekt zeigte sich nämlich an Gummifäden, denen zum Zweck einer Verringerung des Widerstandsmomentes an einer Stelle innerhalb der freien Einspannlänge Material weggeschnitten wurde (Gummifaden-Durchmesser 1 mm); die Schleifen- und Wendelbildung begann dann bei der Verdrehungsbeanspruchung stets an der geschwächten Stelle.

Die Analyse der Bruchdrehzahlen einer Versuchsreihe mit dem feinen Polyamid-6-Monofil unter geringer Zugbelastung ergab unter 100 Einzelversuchen 34 Versuche mit Wendelbildung und erwies, daß der Vertrauensbereich des Mittelwertes der wendelfreien Proben sich mit einem niedrigen Wert von $q_{\bar{x}} = 0,664$ und einem günstigen Variationskoeffizient von $V = 4,96$ % einstellt; demgegenüber liegen der Vertrauensbereich des Mittelwertes bei den gewendelten Proben mit $q_{\bar{x}} = 2,583$ und einem zugehörigen Variationskoeffizient von $V = 9,03$ % wesentlich ungünstiger. Aus diesem Ergebnis ist zu folgern, daß das Auftreten von Wendeln unkontrollierbare Verhältnisse bei der Bruchverdrehungsprüfung schafft und daher unter allen Umständen zu vermeiden ist! Die Prüfbedingungen für die Bruchverdrehung sind daher so zu wählen, daß derartige Wendelbildungen nicht auftreten; Ergebnisse von Proben, bei denen eine Wendelbildung eintrat, dürfen nicht mit in die auszuwertenden Datenreihen aufgenommen werden, weil sie das Ergebnis verfälschen und keine Bruchverdrehungswerte im eigentlichen Sinn der Prüfmethode liefern. Die Tendenz zur Schlingen- und Wendelbildung läßt sich aber, wie die Vorversuchsreihen zeigten, durch Erhöhen der Zugbelastung der Faser sehr stark verringern bzw. ganz ausschalten.

Eine weitere Versuchsreihe sollte deshalb klären, wie die Zugbelastung der Faser die durchschnittliche Bruchdrehzahl beeinflußt. Hierzu wurden Versuche mit dem erwähnten Polyamid-6-Monofil 19 dtex unter Zugbelastungen zwischen 5,7 und 22,5 kp/mm² ausgeführt. Es ergaben sich die in der Tab. 4 aufgelisteten Werte für den Mittelwert $\bar{x}$ und den Variationskoeffizienten V der Bruchdrehzahlen D_{B10}. Die Verdrehgeschwindigkeit war mit 170 U/min konstant gehalten worden. Untersucht wurden jeweils 50 Proben, lediglich für die Vorlast von 5,7 kp/mm² waren 100 Einzelversuche notwendig im Hin-

blick auf die hier noch auftretende Wendelbildung eines Teils der
Versuche. Auch bei der Vorlast von 7,4 kp/mm² bildeten sich, wenn
auch in wesentlich geringerem Maß, Wendeln. Ab 8,7 kp/mm² Vorlast
war keine Wendelbildung mehr zu beobachten. Bei der Auswertung
wurden, gemäß obigen Festlegungen, die Werte von Proben mit Wendelbildung in die Auswertungen nicht mit aufgenommen.

<u>Tab. 4</u>: Statistische Auswertung der Bruchdrehzahlwerte D_{B10} für ein feines
   Polyamid-6-Monofil unter verschiedenen Zugbelastungen
   - Einspannlänge 10 mm, Verdrehgeschwindigkeit 170 U/min -

Belastung [kp/mm²]	Mittelwert der Bruchdrehzahl D_{B10} $\bar{x}$	Variationskoeffizient V [%]
5,7	72,2	3,80
7,4	74,2	2,69
8,7	75,5	5,06
10,2	76,7	4,72
11,1	76,8	4,25
13,8	75,2	6,44
15,4	74,6	6,18
22,4	72,9	8,16

Aus der zugehörigen Abb. 7 ist deutlich zu ersehen, daß der Einfluß der Zugbelastung auf die Bruchdrehzahl relativ groß ist: der
Unterschied zwischen der höchsten (76,8) und der niedrigsten mittleren Bruchdrehzahl (72,2) beträgt 7,2 %. Da bei den niedrigeren
Zugbelastungen noch eine Wendelbildung auftrat, erscheint es sinnvoll, die bei den nächst höheren Zugbelastungen (ab 8,7 kp/mm²) erhaltenen Werte als repräsentativ anzusehen. Bei noch erheblich
höheren Zugbelastungen sinkt die mittlere Bruchdrehzahl nach Überschreiten eines Maximums wieder, was durch zusätzliche Faserbeanspruchung als Folge eines zu großen Längszuges erklärt werden
kann.

Da die verschiedenen Fasermaterialien bezüglich des Einflusses
einer Zugbelastung der Faser auf deren Bruchverdrehungswert unterschiedliches Verhalten zeigen, wie sich aus den für die vorgelegte Arbeit durchgeführten Versuchsreihen mit verschiedenartigen Faserstoffen ergab, erweist es sich als nötig, für jede
zu untersuchende Faserart das <u>Optimum der Zugbelastung durch entsprechende Vorversuche festzustellen.</u>

6.1.2 Einfluß der Einspannlänge

Breuer [9] hatte festgestellt, daß die Bruchverdrehungswerte mit
steigender Einspannlänge relativ zurückgehen. Dies dürfte auf den
Umstand zurückzuführen sein, daß mit größer werdender Einspannlänge die Wahrscheinlichkeit zunimmt, daß geschwächte Faserstellen in den Bereich der zu prüfenden Länge kommen, wie dies auch
bei anderen Beanspruchungsarten nach Vergrößerung der Prüflänge
festgestellt werden kann.

In Abb. 8 sind die eigenen Ergebnisse der diesbezüglichen Untersuchungen wiedergegeben, die sich aus einer Untersuchungsreihe
mit Einspannlängen von 10, 20 und 30 mm ergeben haben. Das geprüfte Material war wiederum das feine Polyamid-6-Monofil. Der
graphischen Darstellung ist zu entnehmen, daß sich die Bruchdrehzahl - analog der erwähnten Feststellung von Breuer - nicht in

gleichem Maße wie die Einspannlänge erhöht. Der Einfluß ist indessen nur gering.

Da nach DIN 53816 die Einspannlänge für Fasern bei Festigkeitsprüfungen 10 mm zu betragen hat, wurde diese Einspannlänge bei allen weiteren Versuchsreihen beibehalten, so daß auch allgemein das D_{B10} der Formeln (2) bis (5) als D_B bezeichnet werden kann.

6.1.3 Einfluß der Spindeldrehzahl (Verdrehgeschwindigkeit)

Bei der Bruchverdrehungsprüfung mit Papierrähmchen hatte Koch [1] bereits bemerkt, daß der Einfluß der Verdrehgeschwindigkeit auf das Untersuchungsergebnis im praktisch anwendbaren Bereich (bis zu 240 Umdrehungen/min) gering ist. Hier sollte nochmal untersucht werden, ob sich bei der Bruchverdrehungsprüfung ohne Papierrähmchen ein stärkerer Einfluß abzeichnet, obwohl dies nicht zu erwarten war. Die Versuche - ebenfalls mit dem für die grundsätzlichen Versuche herangezogenen feinen Polyamid-6-Monofil - wurden mit Verdrehgeschwindigkeiten von 90, 130 und 200 U/min ausgeführt. Es ergaben sich daraus mittlere Bruchdrehzahlen von 70,6 bzw. 71,1 bzw. 71,7. Hieraus ist zu ersehen, daß die Bruchdrehzahl mit Vergrößern der Verdrehgeschwindigkeit nur minimal zunimmt, mithin die Höhe der Verdrehgeschwindigkeit im untersuchten Bereich ohne beachtenswerten Einfluß auf die Bruchdrehzahl-Werte ist. Für alle ferneren Versuchsreihen wurde mit der gerätemäßig günstig gegebenen Tourenzahl der Drehklemme von 170 U/min gearbeitet.

6.2 Untersuchungen an neuen Synthesefasern

6.2.1 Neue Polyamidfaser-Typen

In den letzten Jahren wurde die Gruppe der Polyamidfasern durch verschiedene neue Typen bereichert. Neben den klassischen Fabrikaten aus Polyamid 6.6 und 6 sowie 11 (Rilsan) ist in der Gruppe der aliphatischen Polyamide inzwischen auch das Polyamid 12 - aus Laurinlactam - zur Faserherstellung herangezogen worden (Grilamid der Emser Werke AG, Domat-Ems/Graubünden, Schweiz [13]). Polyamid 12-Fasern weisen gegenüber den anderen handelsmäßigen Polyamidfasern die niedrigste Feuchtigkeitsaufnahme (0,9 % bei Normalklima) und das niedrigste spezifische Gewicht (1,03 g/cm^3), andererseits aber auch den niedrigsten Schmelzpunkt auf (178 bis 180°C). Aus diesen Eigenschaften ergeben sich die speziellen Einsatzmöglichkeiten für diese Polyamidfaser, z. B. Badebekleidung und einbügelbare Einlagestoffe. Die Faser steht noch in der Erprobung.

In ungewöhnlichem Maß ist die Fachwelt wie auch die Öffentlichkeit vom Erscheinen einer anderen, neuartigen Polyamidfaser informiert worden, die als "textile Sensation" oder als "Luxusfaser" bezeichnet und für welche anfangs vom Produzenten, der E.I. DuPont de Nemours & Co., Wilmington/Del., USA, in Europa nur ganz wenigen Firmen die Verarbeitungslizenz erteilt wurde. Qiana (bzw. Type 472 DuPont nylon, unter welcher Bezeichnung die Faser verkauft wird) ist bisher einziger Vertreter eines alicyclischen Polyamids, d. h. eines solchen mit Cycloalkyl-Gruppen in der Kette. Die seit Mitte 1968 zunächst für Verarbeitungsversuche herausgebrachte Faser - bislang nur als Filamentgarn geliefert - dürfte ein Polykondensat aus Bis-(p-aminocyclohexyl-)methan und

Tab. 5: Ergebnisse der Bruchverdrehungsprüfungen an neuen Synthesefasern

Faserart und Bezeichnung		Faserfeinheit		spezif. Gewicht [g/cm³]	fiktiver Faserdurchm. d_f [μm]	Vorspanngewicht [mp]	Zugbelastung [kp/mm²]	Versuchszahl N	Bruchdrehzahl D_{B10} Mittel $\bar{x}$	Standardabweichg. s	Variat.-koeffiz. v [%]	Vertrau.-bereich $q_{\bar{x}}$	Einzelwerte x_{max}	Einzelwerte x_{min}	Quersprödigkeitswinkel a_D Mittel $\bar{x}$	Einzelwerte x_{max}	Einzelwerte x_{min}
		Tt [dtex]	Nm														
PA 11: Rilsan		3,38	2956	1,04	20,4	100	12	250	192,1	7,59	3,95	0,95	208,5	164,6	39°09'	43°32'	36°53'
PA 12: Grilamid		4,02	2488	1,03+	22,3	100	11	250	185,6	10,52	5,67	1,31	206,2	156,9	37°34'	42°18'	34°42'
Qiana		1,94	5152	1,03++	15,5	100	9	250	244,3	26,59	10,89	4,06	299,2	188,0	40°04'	47°33'	34°29'
aromat. Polyamid: Nomex		2,35	4248	1,38++	14,7	100	12	250	168,8	19,43	11,51	2,42	277,7	118,6	51°59'	61°14'	43°29'
Enka-Perlon (rund)		16,72	598	1,14	43,2	800	9	200	96,7	6,73	6,96	0,93	112,0	78,5	37°18'	43°11'	33°20'
Enka-Perlon Profil		16,60	602	1,14	43,1	800	8	200	102,7	7,22	7,03	1,00	126,0	85,1	35°45'	40°59'	30°24'
Trevira (rund)		5,21	1918	1,38	22,0	100	12	100	148,5	5,62	3,78	1,12	159,8	131,2	44°20'	47°52'	42°14'
Trevira Profil		5,23	1916	1,38	22,0	100	12	100	166,9	10,59	6,34	2,10	192,7	132,8	41°00'	47°32'	36°58'
Cantrece PA6.6/PA		22,96	436	1,11+	51,3	800	6	200	88,1	7,40	8,40	1,02	104,5	71,7	35°10'	40°52'	30°42'
Cantona SL PA6/PA		20,28	493	1,13+	47,6	800	7	200	109,1	4,70	4,31	0,65	124,8	99,2	31°30'	33°59'	28°11'
Teijin S 28 PA6/PES		4,51	2218	1,19+	22,0	100	12	250	179,6	8,45	4,70	1,04	198,3	156,1	38°54'	42°52'	36°09'

a Die Bestimmung des spezifischen Gewichtes dieser Fasern übernahm dankenswerterweise die Textilforschungsanstalt Krefeld

+ Werte nach Angaben der Erzeugungsfirmen

Dodecandicarbonsäure in der Hauptkomponente sein [14]. Neben der zunächst herausgestellten Seidenähnlichkeit der Faser (welche den Geweben weichen Fall, seidigen trockenen Griff und dezenten Seidenglanz verleiht) sind als bedeutsame Eigenschaften von Qiana zu nennen [15]: spezifisches Gewicht nur 1,03 g/cm^3, doch Feuchtigkeitsaufnahme 2,5 %, Schmelzpunkt 275°C; Querschnitte der Faser trilobal. Nomex ist bereits länger bekannt als eine technische Spezialfaser [12]. Ebenfalls von der E.I. DuPont de Nemours & Co. hergestellt, ist sie ein Polykondensationsprodukt aus 1,3-Phenylendiamin und Isophthalsäure, also ein aromatisches Polyamid. Wichtige Eigenschaften von Nomex sind eine sehr hohe thermische Stabilität (bis zu 250°C bei Dauerbeanspruchung), niedrige Entflammbarkeit (außerhalb der Flamme selbstverlöschend) und kein Schmelzen (Verformung der Faser erst ab 370°C), hervorragende Beständigkeit gegenüber β- und γ-, sowie Röntgenstrahlen sowie eine gute chemische Widerstandsfähigkeit, welche bezüglich Säuren und Hydrolyse größer ist als bei den normalen aliphatischen Polyamidfasern. Spezifisches Gewicht 1,38 g/cm^3, Feuchtigkeitsaufnahme 4,5 %. Die Festigkeitswerte liegen in der Größenordnung der normalen Polyamidfasern; Naßfestigkeit 75 %. Querschnitte der Faser länglich eingebuchtet. - Aufgrund der erwähnten hervorstechenden Eigenschaften hat Nomex in der Raumfahrt für die vielschichtigen Astronautenanzüge einen ebenso wichtigen wie fachlich interessanten Einsatz gefunden [16]; ebenso werden aus dieser Faser Schutzanzüge für Autorennfahrer, Feuerwehrleute und für Arbeiter in der Stahl-erzeugenden und chemischen Industrie hergestellt neben einer vielseitigen Verwendung für spezielle technische Anforderungen.

Untersuchungsergebnisse

Es ist bekannt, daß einige physikalische, "materialspezifische" Eigenschaften bei den verschiedenen Typen von Polyamidfasern in Abhängigkeit von der Kettenlänge ihrer Polymeren stehen. So fällt der Schmelzpunkt, das spezifische Gewicht und die Feuchtigkeitsaufnahme der Polyamide mit höherer Zahl der Kohlenstoffatome in der Kette ab [17], die bedingt ist durch die größere Zahl der CH_2-Reste, welche auf eine CO=NH-Gruppe entfallen und dadurch die Kette verlängern. Nun erscheint zwar auch der Quersprödigkeitswinkel als ein für den einzelnen Rohstoff charakteristischer, also "materialspezifischer" Wert, der von der Provenienz wie auch von der Feinheit des einzelnen Fasermaterials unabhängig ist, doch wurde schon bei früheren Untersuchungen offensichtlich, daß der Quersprödigkeitswinkel bei Synthesefasern weitgehend von deren Verstreckungsgrad abhängig ist [2]. Der Verstreckungsgrad der Synthesefaser-Fabrikate ist indessen nicht bekannt. So erscheint es sinnvoll, wenigstens die Werte der im allgemeinen höher verstreckten Filamente aus Endlosgarnen und diejenigen der weniger hoch verstreckten Spinnfasern getrennt zu betrachten (siehe auch Tab. 2). Die Unterschiede im Quersprödigkeitswinkel zwischen diesen beiden Fertigungsformen sind beträchtlich und überdecken eventuelle Verschiedenheiten in der Höhe der Quersprödigkeitswinkel etwa der Reihe PA 6, PA 7, PA 11 und PA 12. Wie Böhringer [18] gezeigt hat, erfahren alle verstreckten Synthesefasern beim Verstrecken und dem damit verbundenen Vergrößern des Ordnungszustandes eine Verbesserung verschiedener textiler Eigenschaften bis zum optimalen Orientierungsgrad in Faserlängsrichtung, der erreicht wird bald nach Umwandlung der zunächst hexagonalen in die monokline Kristallform. Ein Verstrecken über diesen optimalen Orientierungsgrad hinaus führt zu wieder verschlechterten textilen Eigenschaften. Der höhere Orientierungsgrad zeigt sich in erhöhter Reiß-

länge, bringt andererseits ein Vermindern der Dehnbarkeit und
Vergrößern der Sprödigkeit mit sich, was sich auch in den Werten für die Bruchdrehzahl bzw. den Quersprödigkeitswinkel bemerkbar macht. Dies geht deutlich auch aus den in Tab. 1 wiedergegebenen Werten für verschieden hoch verstreckte Polyamidfasern hervor. Der Quersprödigkeitswinkel ist damit ein guter Indikator für Unterschiede im Verstreckungsgrad von Synthesefasern und kann daher bei Fehlererscheinungen, welche auf Verstreckungsunterschiede im Fasermaterial zurückzuführen sind, als Nachweismethode herangezogen werden.

Unter Berücksichtigung obiger Feststellungen passen sich die Werte der beiden Filament-Proben von Polyamid 11 (<u>Rilsan</u>) und Polyamid 12 (<u>Grilamid</u>) gut in die Reihe der früher bestimmten Quersprödigkeitswinkel a_D von Polyamidfasern - siehe Tab. 1 - ein:

	PA 6	PA 11	PA 12
Filamente (aus Endlosgarn)	$35\frac{1}{2}$ bis $37°$	36 bis $\underline{39}°$	$37\frac{1}{2}°$
Spinnfasern	27 bis $41°$	$30°$	

Die weiteren beiden neuartigen Polyamidfasern <u>Qiana</u> und <u>Nomex</u>, die hier erstmalig auf ihre Quersprödigkeit hin untersucht wurden, unterscheiden sich in ihrem chemischen Aufbau sowohl gegenüber den normalen (aliphatischen) Polyamiden wie auch untereinander:

<u>Qiana</u>   [-OC-(CH$_2$)$_{10}$-CO-NH-⟨H⟩-CH$_2$-⟨H⟩-HN-]$_x$

<u>Nomex</u>   [-NH-⟨ ⟩-HN-CO-⟨ ⟩-OC-]$_x$

Für Filamente dieser Fasern ergeben sich folgende Quersprödigkeitswinkel a_D:

<u>Qiana</u>	$40°$
<u>Nomex</u>	$52°$

Das besagt, daß <u>Qiana</u> nach der Quersprödigkeits-Klassifizierung (s. Tab. 2) als eine Faser anzusprechen ist, die an der Grenze zwischen geschmeidig und extrem geschmeidig steht und in dieser Eigenschaft den geschmeidigsten Synthesefasern gleichkommt. Dieser Befund deckt sich mit den Erwartungen, welche bezüglich des Quersprödigkeitswertes an die Faser gestellt waren aufgrund der speziellen, oben erwähnten Eigenschaften ihrer Fertigwaren in Bezug auf Griff und Fall. In diesem Zusammenhang ist es nicht uninteressant festzustellen, daß der Quersprödigkeitswinkel für entbastete Maulbeerseide mit $a_D = 51°C$ erheblich höher liegt und die den Seidengeweben zukommende Schmiegsamkeit im Quersprödigkeitswert der Faser nicht ersehen läßt. Hieraus spricht die Komplexheit der Beziehungen zwischen den Eigenschaften von Faser und Fertigware, bei welcher über Garngestaltung und Gewebekonstruktion sowie Ausrüstung erhebliche zusätzliche Einflüsse auf den Charakter des Endproduktes einwirken.

<u>Nomex</u> zeigt demgegenüber nicht die bei den meisten Synthesefasern verwirklichte große Geschmeidigkeit, sondern liegt in der Quersprödigkeits-Klassifizierung mit den regenerierten Cellulosefasern und den hochverstreckten Polyacrylnitril-Filamenten in der Gruppe der normal schmiegsamen Fasern.

6.2.2 Synthese-Profilfasern

Polyamidfasern (aus Polyamid 6) mit einem profilierten - also nicht, wie beim Schmelzspinnverfahren normalen, runden - Querschnitt sind bereits im Jahre 1938 mit Kreuzschlitzdüsen versuchsweise hergestellt worden [12]. Die systematische Entwicklung von Profilfasern und -hohlfasern verschiedenster bewußt modifizierter Querschnittsformen bei schmelzgesponnenen Synthesefasern mittels entsprechend profilierter Düsenlöcher betrieben in den 50er Jahren Böhringer und Bolland [19, 20]. Heute werden verschiedene Fabrikate mit "trilobalem" (= dreilappigem) oder "multilobalem" (= vielgelapptem, sternförmigen) Querschnitt angeboten, welche der Ware einen kernigen Griff und je nach Querschnittsform edleren oder brillierenden Glanz geben, wobei die für verschiedene Einsatzgebiete sich ungünstig auswirkende Glätte der normalen Polyamid- bzw. Polyesterfasern (mit rundem Querschnitt) beseitigt werden konnte. Die höhere Deckfähigkeit der Profilfasern ermöglicht bis zu 25 % Materialersparnis unter Verbesserung der Fülligkeit der Fertigwaren.

Über die Beeinflussung des speckigen Glanzes und seifigen Griffes in vorteilhaftem Sinn und Verbesserung der Deckkraft verändern profilierte Querschnitte die normalerweise vorhandene Texturlosigkeit der beiden wichtigen Synthesefaser-Arten Polyamid und Polyester. Dieser Mangel der Fasern mit rundem Querschnitt führt auch zur bekannten Pillingbildung an Oberbekleidung und Trikotagen aus solchen Fasern bzw. auch zu Maschenverzerrungen und Zugstellen in Feinwirkwaren und Polyamidstrümpfen. Die Schiebefestigkeit von Geweben aus solchen Filamentgarnen ist mangelhaft [19]. - Diese gebrauchswert-mindernden Eigentümlichkeiten von Synthesefasern mit rundem Querschnitt haben die Produktion profilierter Polyamid- und Polyesterfasern in den letzten Jahren erheblich ansteigen lassen.

<u>Untersuchungsergebnisse</u>

Ein Teil der hier durchgeführten Untersuchungen galt der Frage, ob und inwieweit die <u>Veränderung der Querschnittsform</u> bei der gleichen Faserart die Quersprödigkeit beeinflußt. Selbstverständliche Voraussetzung für einen solchen Vergleich sind Proben gleicher Fertigung und gleicher Feinheit, die für diese Untersuchungen einmal als Endlosgarn-Filament, zum anderen als Spinnfasermaterial zur Verfügung standen. Bolland und Henkel [21] haben nachgewiesen, daß der optimale Verstreckungsgrad für Profilfasern meist unter den für normale Fasern mit runden Querschnitten üblichen Verstreckungswerten liegt, was mit den unterschiedlichen Strömungs- und Abkühlungsverhältnissen beim Erspinnen zu erklären ist, die wiederum durch die größere Oberfläche der Profilfaser bei gleicher Querschnittsfläche bedingt sind. Die Verminderung der Verstreckbarkeit ist indessen nur bei Profil-Hohlfasern erheblich, während die nur etwas geringere Verstreckbarkeit von Sternprofilfasern sich bei nicht zu großen Verstreckungsunterschieden gegenüber Fasern mit runden Querschnitten auf die Reißlängen- und Reißdehnungswerte praktisch nicht auswirkt. Eine hierdurch bedingte Verschiebung der Quersprödigkeitswerte ist demnach hier nicht zu erwarten.

An den Ergebnissen der vergleichenden Bruchverdrehungsprüfungen an runden bzw. profilierten Synthesefasern zeigt sich, daß die Profilierung des Querschnittes sowohl bei Polyamid- als auch bei Polyesterfasern zu einer Verkleinerung des Quersprödigkeitswinkels a_D führt, was nach dem Klassifizierungsmaßstab aus Tab. 2 eine vergrößerte Geschmeidigkeit der Profilfasern kennzeichnet:

<u>Polyamidfaser</u> (PA 6) als Spinnfaser   rund $37°$ 18'
                                                                            Profil $35°$ 45'

<u>Polyesterfaser</u> als Filament   rund $44°$ 20'
                                                                          Profil $41°$ 00'

Diese Ergebnisse sind aussagekräftig, weil sie an runden bzw. profilierten Fasern jeweils gleichen Fabrikates von gleicher Fertigung und praktisch gleicher tex-Feinheit gewonnen wurden. Die Form des Querschnittes (bei Polyamid dreieckig, bei Polyester fünfzackig - siehe die Abb. 9 und 10!) hat offensichtlich keinen bestimmenden Einfluß auf die Quersprödigkeit, weil an sich bei dem tiefer gelappten Dreieck-Querschnitt der Polyamidfaser ein stärkerer Unterschied zwischen Rund- und Profilfaser zu erwarten gewesen wäre als bei der weniger tief gezackten sternförmigen Polyester-Profilfaser.

6.2.3 Bikomponentenfasern

Bikomponentenfasern [conjugate(d) fibres] sind solche Chemiefasern, die aus zwei fest, aber trennbar miteinander verbundenen Bestandteilen unterschiedlichen chemischen und/oder physikalischen Aufbaues (z. B. einem Homopolymer und einem modifizierten Polymer oder zweier artverschiedener Polymerer) schichtig nebeneinander oder umeinander bzw. in einer Mischung mit inhomogener Verteilung (Matrix/Fibrillen-System) aufgebaut sind.

Nach ihrem Aufbau lassen sich folgende Typen von Bikomponentenfasern unterscheiden [22]:

    <u>S/S-Typen</u>   =   Seite-an-Seite-Typen (polymere Komponenten mit unterschiedlicher Schrumpfneigung nebeneinander eingesponnen) mit "bilateraler" Struktur wie bei Schafwolle [side-by-side-]

    <u>C/C-Typen</u>   =   zentrisch aufgebaute Hülle/Kern-Typen (polymere Komponenten umeinander eingesponnen [centric cover-core-]

    <u>M/F-Typen</u>   =   Matrix/Fibrillen-Typen (auch "Bikonstituentenfasern" genannt) [matrix-fibril-].

Bikomponentenfasern vom <u>Typ S/S</u> werden hergestellt, um mittels einer intensiven und stabilen "Spinnkräuselung" in der Fertigware einen wollähnlichen bauschigen Charakter zu erzeugen. Diese Kräuselung wird je nach Kombination der Polymeren schon bei der Abnahme vom Streckspinnkops erreicht oder in der Ausrüstung nach einer Heiß-Naß-Behandlung beim vollständigen Trocknen im entspannten Zustand. Sie entsteht, weil die beiden Komponenten der Faser unterschiedliche Schrumpfungs- und Quellungseigenschaften besitzen. Gegenüber der mechanisch durch Prägen erzielten Kräuselung ist diese vom Faseraufbau her bedingte dreidimensionale Kräuselung beständig und reversibel.

Mit Fasern des <u>Typs M/F</u> aus Polyamid und Polyester hat man u. a. bei Reifencordgarnen eine erhebliche Verbesserung des bei Polyamid-Reifeneinlagen nachteiligen "flatspotting" erzielt.

Untersuchungsergebnisse

Um die Beziehungen zwischen <u>Querschnittsaufbau</u> und der Quersprödigkeit zu studieren, wurden 3 verschiedene Bikomponentenfaser-Fabrikate untersucht, und zwar

<u>Cantrece</u> [S/S-Type] DuPont - aus Polyamid 6.6 und modifiziertem Polyamid

<u>Cantona SL</u> [S/S-Type] Enka - aus Polyamid 6 und modifiziertem Polyamid

<u>Teijin S28</u> [M/F-Type] Teijin - aus Polyamid 6 als Matrix und Polyester als Fibrillen

Die Wahl dieser Fabrikate wurde unter dem Gesichtspunkt getroffen, daß sie für gute Vergleichbarkeit der Ergebnisse durchweg runde Querschnitte aufwiesen. Bei <u>Cantrece</u> und bei <u>Cantona SL</u> wird die zu erzielende Eigenschaft einer intensiven und dauerhaften Kräuselung der Faser durch das Nebeneinander-Einspinnen zweier verwandter Polymerer durch eine Doppeldüse erreicht. Bei <u>Cantrece</u> sind beide Komponenten in gleicher Weise mattiert, so daß der Querschnitt in normaler Beleuchtung keine Aussage darüber machen kann, ob und in welcher Anordnung eine Bikomponentenfaser vorliegt. In Phasenkontrast sieht man allerdings deutlich die halbkreisförmige Anordnung der Komponenten. Bei <u>Cantona SL</u> ist demgegenüber der Aufbau als Bikomponentenfaser sowohl auf dem Querschnitt (Abb. 11) als auch in Längsansicht durch die Unterschiedlichkeit der beiden Komponenten - mattiert bzw. nicht mattiert - deutlich sichtbar. Auch hier wird durch Phasenkontrastbeleuchtung der unterschiedliche Aufbau des Querschnittes noch stärker hervorgehoben. Um bei diesen beiden Proben festzustellen, aus welchen Polyamiden die Bikomponentenfaser aufgebaut ist [als Nachkontrolle der Firmen-Angabe], wird die Faser nach Einbettung in die beiden Frotté-Reagenzien beobachtet, welche eine Erkennung der verschiedenen Polyamid-Typen ermöglichen [23, 24]:

	<u>Polyamid 6.6</u>	<u>Polyamid 6</u>	<u>Polyamid 11</u>
Frotté-Reagenz I 5 Min. in Raumtemperatur	Frotté-Reaktion	Frotté-Reaktion	unverändert
Frotté-Reagenz II 5 Min. in Raumtemperatur	unverändert	Frotté-Reaktion	unverändert
Frotté-Reagenz I 5 Min. bei 80°C	Zerfließen	Zerfließen	Frotté-Reaktion

Bei <u>Cantrece</u> zeigt die Faser in Frotté-Reagenz I eine deutliche Reaktion beider Komponenten, während in Frotté-Reagenz II die Reaktion bevorzugt nur an einer Seite, d. h. bei einer Komponente auftritt. Dies besagt, daß die eine der beiden Komponenten ein Polyamid 6.6 sein muß, die auch nach längerer Einwirkung des (schwächeren) Reagenzes II den einen Rand der Faser glatt und ohne Frotté-Reaktion beläßt. - Im Gegensatz hierzu tritt bei <u>Cantona SL</u> eine Reaktion beider Komponenten sowohl in Frotté-Reagenz I wie II, ein, was besagt, daß beide Komponenten der stärker angreifbaren Polyamid-Type PA 6 zugehören. Erst beim Kochen in Dimethylformamid tritt dann ein unterschiedliches Verhalten der beiden Komponenten von <u>Cantona SL</u> ein.

Die Bruchverdrehungsprüfung dieser beiden Polyamid-Bikomponentenfasern (feine Monofile) ergab folgende Werte für den Quersprödigkeitswinkel a_D:

<u>Cantrece</u> - PA 6.6/modifiz.PA .. 35° 10'

<u>Cantona SL</u> - PA 6 /modifiz.PA .. 31° 30'

Im Vergleich hierzu liegen, nach Tab. 1, die Werte für homopolymere Polyamide

Polyamid 6.6 als Endlosgarn ..... $40\frac{1}{2}$ bis 41°

Polyamid 6   als Endlosgarn ..... $35\frac{1}{2}$ bis 37°

Dies besagt, daß die <u>Polyamidfasern mit bikomponentem Aufbau</u> jeweils in ihren Quersprödigkeitswinkeln unter der unteren Grenze ihrer homopolymeren Typen liegen, somit <u>durch die Beiordnung eines modifizierten Polyamides</u> in beiden Fällen <u>noch geschmeidiger geworden</u> sind! Die Standardabweichung bzw. der Variationskoeffizient beider Proben (siehe auch die Häufigkeitsschaubilder Abb. 20 und 21) liegen eher niedriger oder kaum höher als diejenigen homopolymerer Polyamide, was auf eine einwandfreie Beherrschung auch des bikomponenten Erspinnens von Polyamidfasern hinweist.

Als dritte Probe wurde mit <u>Teijin S 28</u> Filamentgarn eine Faser der M/F-Type untersucht, d. h. eine Faser, die aus einer Polymermischung hergestellt wurde (Matrix/Fibrillen-System). Auch hier sind beide Komponenten - Polyamid 6 und Polyester - mattiert, und weder auf dem Querschnitt (kreisrund) noch an der Längsansicht ist zu erkennen, daß eine Bikomponentenfaser vorliegt. Erst die Einbettung der Faser in 98 %ige Ameisensäure macht ersichtlich, daß die Faser aus zwei Komponenten besteht; die Polyamid-Matrix wird aufgelöst und die darin befindlichen Fibrillen von Polyester werden freigelegt (Abb. 12). Als Ergebnis der Bruchverdrehungsprüfung könnte hier auf Grund des Aufbaues dieser Faser aus Polyamid und Polyester ein Wert erwartet werden, der zwischen den Bereichen für Polyamid-Filamente ($35\frac{1}{2}$ bis 41°) und für Polyester-Filamente ($41\frac{1}{2}$ bis $47\frac{1}{2}$) liegt [Bereiche aus Tab. 2]. Mit einem ermittelten Wert a_D = 38° 54' ist dies der Fall: der <u>Quersprödigkeitswinkel entspricht</u> in seiner Größe <u>dem Aufbau der Faser aus zwei verschiedenen</u>, nicht innig miteinander vermischten <u>polymeren Komponenten</u>, deren jeweilige Quersprödigkeitswinkel verschieden hoch liegende Bereiche aufweisen!

7. <u>Zusammenfassung</u>

7.1 Es wurde ein <u>neues Gerät</u> zur Bestimmung der Bruchdrehzahl von Fasern <u>entworfen und gebaut</u>, das mit einer hohen mechanischen Stabilität einwandfreie Laufeigenschaften der Spindel gewährleistet und das Auftreten mechanischer Störschwingungen verhindert. Den Problemen des sicheren Aufbringens einer Vorspannkraft und Zugbelastung wurde im besonderen Rechnung getragen.

7.2 Mit dem neuen Bruchverdrehungs-Meßgerät wurden <u>grundlegende Versuchsreihen</u> durchgeführt, um die optimalen Versuchsbedingungen zu ermitteln. Es ergab sich dabei, daß

(a) die <u>Lage der Bruchstelle</u> der Faser (zwischen den Klemmen bzw. an der oberen oder unteren Klemmlinie der Faser) praktisch keinen Einfluß auf die Bruchdrehzahl hat,

(b) die <u>Zahl der Einzelversuche mindestens 100</u> betragen sollte,

(c) der <u>Einfluß der Zugbelastung der Faser</u> auf die Bruchverdrehungswerte <u>relativ groß</u> ist, daß aber andererseits eine gewisse Höhe der Zugbelastung - deren <u>Optimum</u> für jede Faserart <u>durch entsprechende Vorversuche festgestellt</u> werden muß - erforderlich ist, um vor allem bei Synthesefasern die Bildung von Schleifen und ein anschließendes "Wendeln" der Faser mit Sicherheit zu vermeiden,

(d) die <u>Einspannlänge nach Norm 10 mm</u> betragen soll (höhere Einspannlängen beeinflussen die Höhe der Bruchdrehzahl auf die Längeneinheit indessen nur wenig),

(e) das Vergrößern der <u>Spindeldrehzahl</u> (Verdrehgeschwindigkeit) <u>ohne beachtenswerten Einfluß</u> auf die Bruchdrehzahlwerte ist, so daß mit einer vom Gerät her gegebenen günstigen Tourenzahl der Drehklemme (<u>170 U/min</u>) gearbeitet werden kann.

7.3 Es wurden neue bzw. <u>neuartige Polyamidfaser-Typen</u> - alle drei als Filament - auf ihre Quersprödigkeit hin untersucht und ergaben folgende Einstufung:

Polyamid 12-Faser (<u>Grilamid</u>) $a_D = 37\frac{1}{2}°$ - extrem geschmeidig

alicyclische Polyamidfaser <u>Qiana</u> $a_D = 40°$ - geschmeidig/extrem geschmeidig

aromatische Polyamidfaser <u>Nomex</u> $a_D = 52°$ - normal schmiegsam

7.4 Zur Beurteilung des <u>Einflusses der Querschnittsform</u> auf die Quersprödigkeit wurden sowohl Polyamid- als auch Polyesterfasern jeweils gleicher Fertigung und gleicher tex-Feinheit mit rundem bzw. profiliertem Querschnitt vergleichend geprüft. Bei beiden Faserarten wiesen die <u>Profilfasern eine vergrößerte Geschmeidigkeit</u> auf, wobei hier die Art des profilierten Querschnittes (dreieckig bzw. fünfzackig) keinen bestimmenden Einfluß auf die Quersprödigkeit hat.

7.5 Untersuchungen verschiedener Typen von <u>Bikomponentenfasern</u> über den <u>Einfluß des Querschnittsaufbaues</u> solcher Fasern auf die Quersprödigkeit zeigten bei den S/S-Typen, daß die Fasern durch die Beiordnung eines modifizierten Polyamides geschmeidiger werden (Quersprödigkeitswinkel beachtlich niedriger als diejenigen der nichtmodifizierten Komponente). An einer M/F-Type ergab sich erwartungsgemäß, daß der Quersprödigkeitswinkel dieser Bikomponentenfaser in seiner Höhe einer mittleren Lage zwischen denen der beiden Aufbau-Komponenten entspricht.

7.6 Eine zusammenfassende graphische Darstellung der Ergebnisse der Bruchverdrehungsprüfungen an neuen Synthesefasern gibt die Abb. 23 wieder.

Danksagung

Die vorgelegte Forschungsarbeit wurde mit Mitteln des Landesamtes für Forschung beim Ministerpräsidenten des Landes Nordrhein/Westfalen gefördert. Für die hierdurch gewährte Unterstützung dieser Arbeit sei verbindlicher Dank ausgesprochen.

Literaturverzeichnis

[1] Koch, P.-A., Der Bruchverdrehungswinkel als Faserstoff-Kriterium. Textil-Rdsch. 4 (1949), S. 199-211.
[2] Koch, P.-A., Der Bruchverdrehungswinkel als Kriterium für die strukturelle Beschaffenheit synthetischer Faserstoffe. Textil-Rdsch. 6 (1951), S. 111-116 und 281-285.
[3] Husung, E., Festigkeits- und Dehnungsmessungen an tordierten Zellwollfasern. Mh. Seide u. Kunstseide 42 (1937), S. 215-218 und 273, 274, 276.
[4] Landolt-Börnstein, Zahlenwerte und Funktionen. 6. Aufl., IV. Band Technik, 1. Teil, Abschnitt 413 Faserstoffe [P.-A.Koch], S. 417-419. Berlin/Göttingen/Heidelberg, Springer-Verlag 1960.
[5] Böhringer, H. und F. Bolland, Synthetische Faserstoffe mit profiliertem Querschnitt. Faserforschg. u. Textiltechnik 6 (1955), S. 199-203.
[6] Bolland, F., Auswirkungen der Querschnitts-Struktur synthetischer Fasern auf den Ausfall des Verhaltens von Textilwaren. Chemiefasern 13 (1963), S. 106-109.
[7] Koch, P.-A., Faserstoff-Tabellen: Bikomponentenfasern. Textil-Ind. 72 (1970), S. 253-256.
[8] Krais, P., Ein Apparat zur Bestimmung der Reißfestigkeit, Dehnung und Drehfestigkeit von Einzelfasern. Textile Forschg. 3 (1921), S. 86-89.
[9] Breuer, K., Beitrag zur Kenntnis der mechanisch-technologischen Eigenschaften, insbesondere des Drehwiderstandes von Zellwollfasern. Dissertation TH Aachen 1938.
[10] Rupprecht, L., Bau einer Vorrichtung zur Bestimmung des Bruchverdrehungswinkels an Fasern und Elementarfäden auf dem Drehungsprüfgerät. Studienarbeit (unveröffentlicht) TH Aachen WS 1966/67.
[11] Frenzel, W. und H. Perner, Torsionsfestigkeitsbestimmungen. Faserforschg. u. Textiltechnik 4 (1953), S. 1-14 und 63-74.
[12] Koch, P.-A., Faserstoff-Tabellen: Polyamidfasern. Neue Ausgabe Z.ges. Textilind. 70 (1968), S. 203-217.
[13] Griehl, W. und D. Rüstem, Herstellung, Eigenschaften und Anwendung von Nylon 12. Kunststoff-Rdsch. 17 (1970), H. 1, S. 2-6.
[14] Okuda, T., Neuere Entwicklungstendenzen der japanischen Synthesefaser-Industrie. Seidenartige Synthesefasern. Chemiefasern 20 (1970), S. 855-858.
[15] Lynn, J.E., Qiana: One small step. American Dyestuff Rep. 58 (1969), Dec. 15, S. 21, 22, 35; siehe auch van Bruggen, G.F., Qiana: The story of the fibre. Textile Inst. and Ind. 10 (1972), S. 113-114.
[16] Textilfasern in der Raumfahrt. Spinner/Weber/Textilveredlg. 85 (1967), S. 23-24.
[17] Lavin, J.G., Polymer and Fibre Technology of Aliphatic Nylon Fibres. Textile Progress 3 (1971), No. 1, S. 6/7.
[18] Böhringer, H., Gebrauchswertoptimale Erspinnung von Chemiefasern. Veröffentlichungen auf dem Gebiete der Faserstoff-Forschung und Textiltechnik Nr. 8. 32 S. und 12 Tafeln Mikrobilder. Berlin, Akademie-Verlag 1957 bzw. Dtsch. Textiltechnik 7 (1957), Nr. 1/2, S. 23-30.
[19] Böhringer, H. und F. Bolland, Synthetische Faserstoffe mit profiliertem Querschnitt. Melliand Textilber. 36 (1955), S. 677-680. = [5].
[20] Böhringer, H. und F. Bolland, Entwicklung und Erprobung profilierter Synthesefasern mit und ohne Hohlraum. Faserforschg. u. Textiltechnik 9 (1958), S. 405-416.
[21] Bolland F. und H. Henkel, Röntgenographische Untersuchungen zur Feststellung der Einflüsse der Faserquerschnittsform auf die Verstreckungseigenschaften der Polyamidfasern. Mitt. Inst. f. Textiltechnologie d. Chemiefasern Rudolstadt 3 (1959), S. 173-178.
[22] Koch, P.-A., Faserstoff-Tabellen: Bikomponentenfasern. Textil-Ind. 72 (1970), S. 253-256. = [7].
[23] Stratmann, M., Z.ges.Textil-Ind. 59 (1957), S. 1035-1036.
[24] Stratmann, M., Studien über die Koch'sche Frotté-Reaktion der Polyamide. Melliand Textilber. 51 (1970), S. 371-377.

Abbildungen

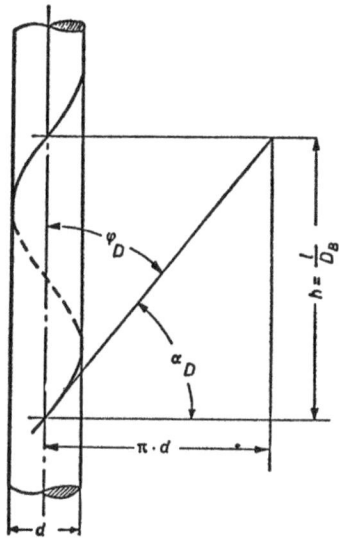

Abb. 1: Schematische Darstellung zur Definition des Bruchverdrehungswinkels φ_D und des Quersprödigkeitswinkels α_D

    l = Einspannlänge der Probe
    d = Durchmesser der Faser
    D_B = Anzahl der Drehungen bis zum Bruch
    h = Steigungshöhe

Abb. 2: Spezialaufsatz nach Koch zum Garndrehungsprüfer der Firma N. Zivy & Cie., Basel

Abb. 3: Zusatzgerät zum Garndrehungsprüfer der Firma Zweigle KG., Reutlingen, gebaut im Institut für Textiltechnik der TH Aachen
    (a) Vorderansicht; 4 = Skala mit Zeiger zur Einstellung der Einspannlänge
    (b) Hinteransicht; 1 = Drehachse des Schneidenlagers,
    2 = Verbindungsachse Fadenzugkraft/Belastungsgewicht,
    3 = kreisförmige Belastungsskala,
    4 = wie bei (a),
    5 = feststehende Klemme,
    6 = Zeiger zur Skala 4,
    7 = Schlitten des Zusatzgerätes,
    8 = Befestigungsschiene am Garndrehungsprüfer.

Abb. 4: Bruchverdrehungs-Meßgerät für Fasern nach Koch und
Feier;
BG = Bruchverdrehungsgerät,
EM = elektronischer Motor-Drehzahlregler,
ED = Einheit zur Datenerfassung,
LS = Lochstreifenstanzer.

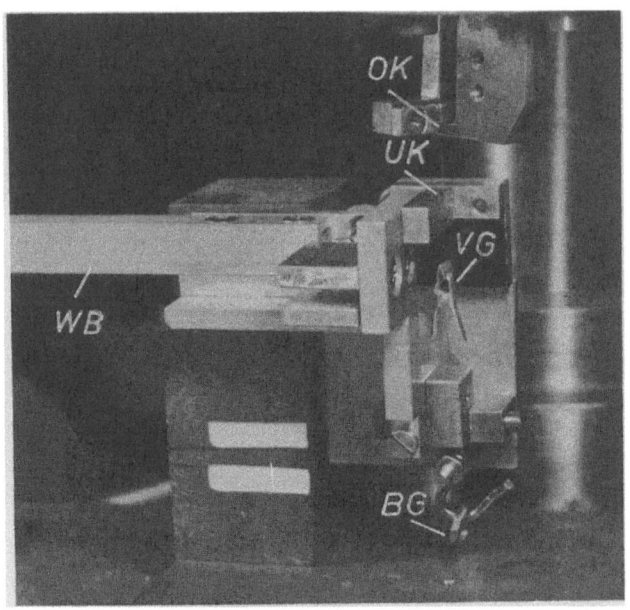

Abb. 5: Teilansicht des Bruchverdrehungsgerätes Abb. 4;
OK = obere Einspannklemme,
UK = untere Einspannklemme,
VG = Vorspann-Gewicht,
BG = Belastungs-Gewicht,
WB = Waagebalken.

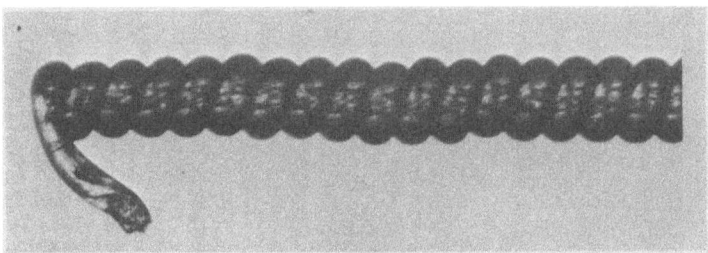

Abb. 6: "Wendel"-Bildung eines unter zu geringer Zugbelastung verdrehten Polyamid-6-Monofils 19 dtex. 80:1.

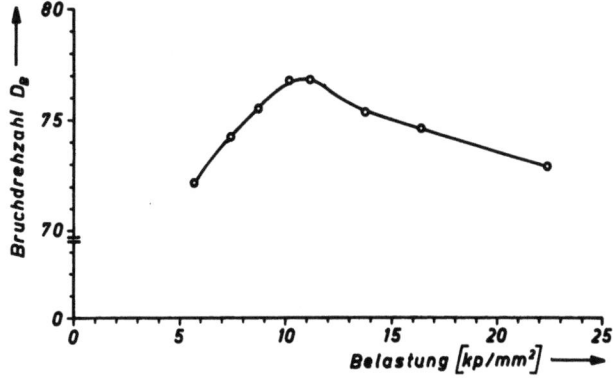

Abb. 7: Bruchdrehzahlwerte in Abhängigkeit von der Zugbelastung (Polyamid-6-Monofil 19 dtex).

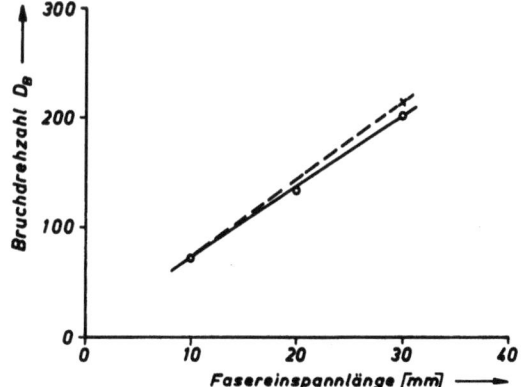

Abb. 8: Bruchdrehzahlwerte in Abhängigkeit von der Einspannlänge (Polyamid-6-Monofil 19 dtex).

Abb. 9: Enka-Perlon, Profilfaser 16,6 dtex. Querschnittszeichnung 400:1.

Abb. 10: Trevira-Profilfaser 5,23 dtex. Querschnittszeichnung 400:1.

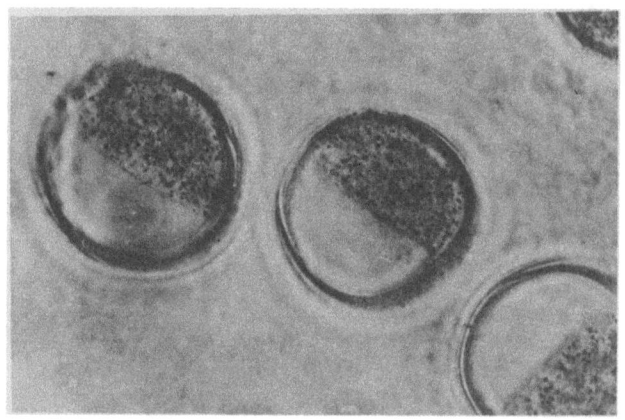

Abb. 11: Cantona SL Bikomponentenfaser 20,28 dtex. Querschnitte 770:1. Photo: H. Deussen.

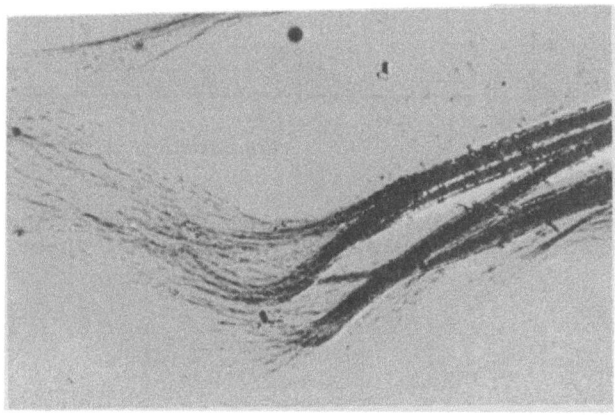

Abb. 12: Teijin S 28 Bikomponentenfaser 4,51 dtex. Freilegung der Polyester-Fibrillen nach Auflösen der Polyamid-Komponente in konz. Ameisensäure. 90:1. Photo: Deussen.

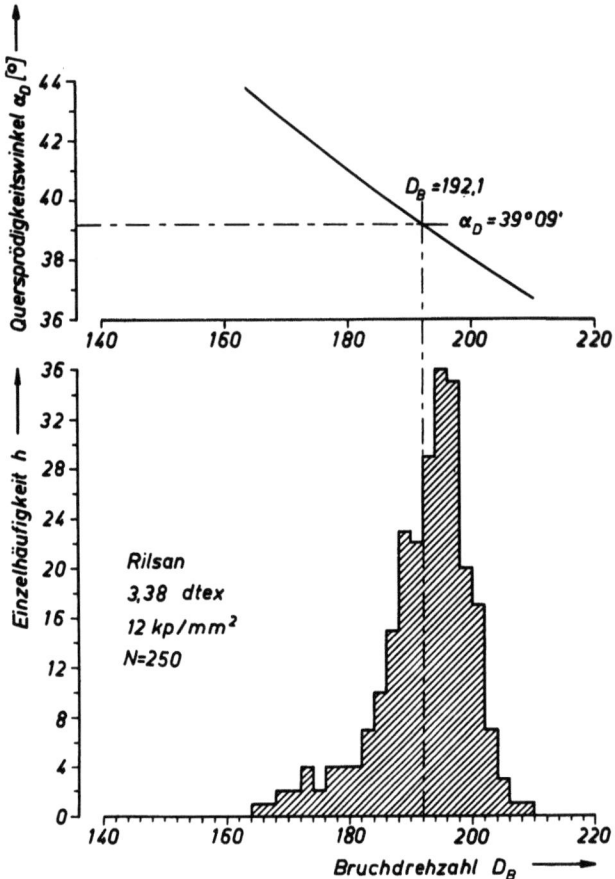

Abb. 13: Einzelhäufigkeit der Bruchdrehzahlen und zugehörige Quersprödigkeitswinkel von Polyamid 11-Faser <u>Rilsan</u>.

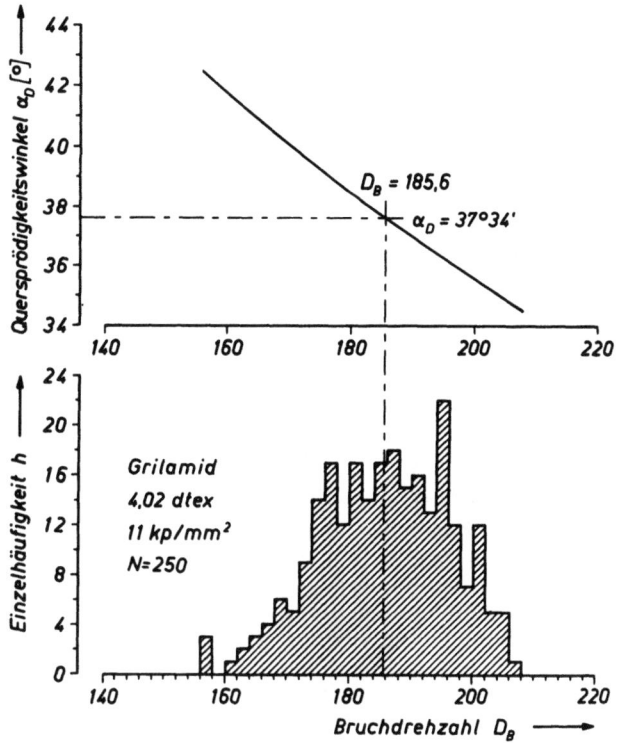

Abb. 14: Einzelhäufigkeit der Bruchdrehzahlen und zugehörige Quersprödigkeitswinkel von Polyamid 12-Faser <u>Grilamid</u>.

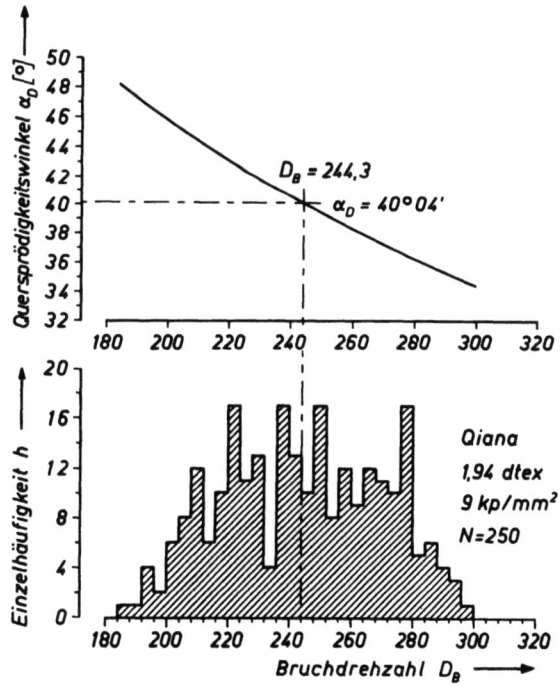

Abb. 15: Einzelhäufigkeit der Bruchdrehzahlen und zugehörige Quersprödigkeitswinkel von Polyamidfaser <u>Qiana</u>.

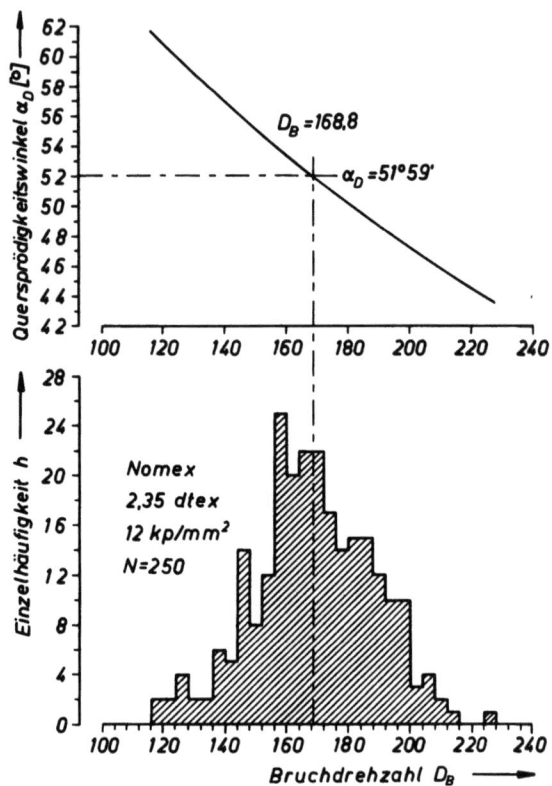

Abb. 16: Einzelhäufigkeit der Bruchdrehzahlen und zugehörige Quersprödigkeitswinkel der aromatischen Polyamidfaser Nomex.

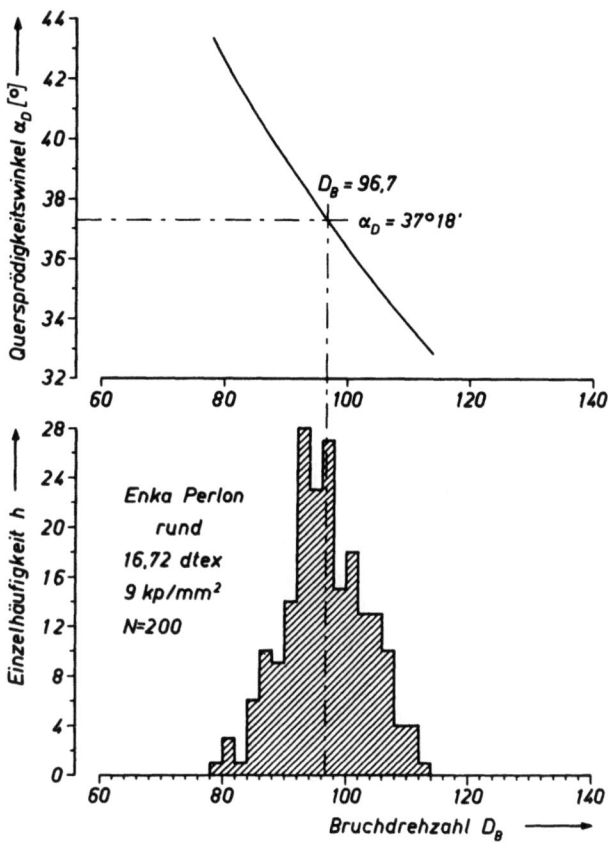

Abb. 17: Einzelhäufigkeit der Bruchdrehzahlen und zugehörige Quersprödigkeitswinkel von Polyamid 6-Faser Enka-Perlon rund.

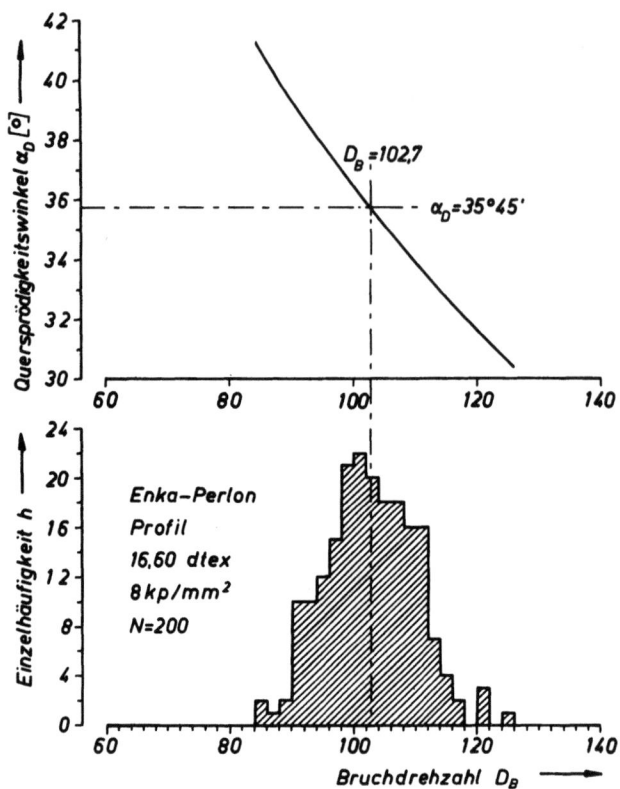

Abb. 18: Einzelhäufigkeit der Bruchdrehzahlen und zugehörige Quersprödigkeitswinkel von Polyamid 6-Faser Enka-Perlon Profil.

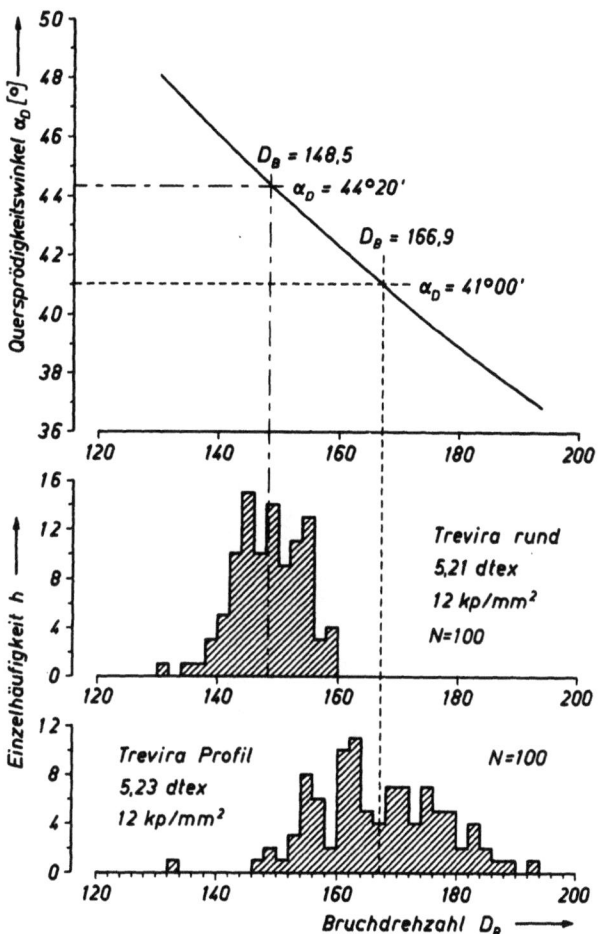

Abb. 19: Einzelhäufigkeit der Bruchdrehzahlen und zugehörige Quersprödigkeitswinkel von Polyesterfasern <u>Trevira</u> rund bzw. Profil.

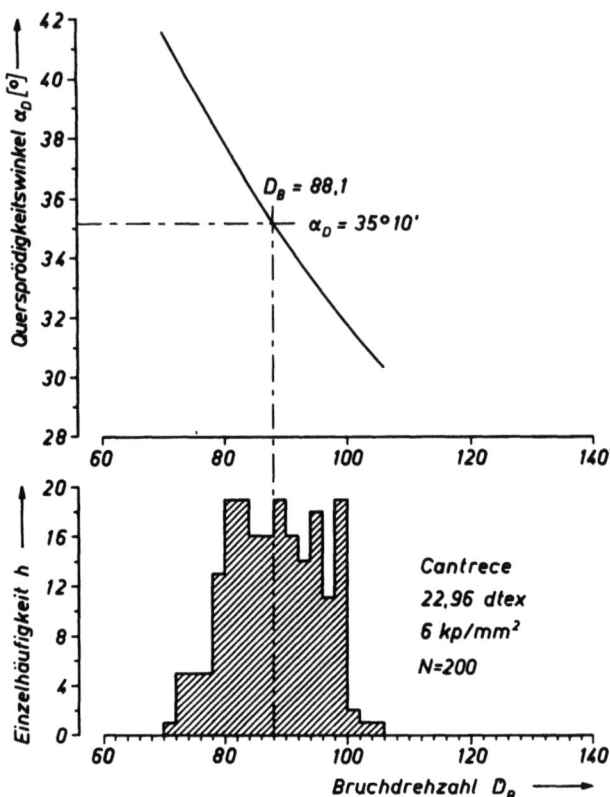

Abb. 20: Einzelhäufigkeit der Bruchdrehzahlen und zugehörige Quersprödigkeitswinkel von Bikomponentenfaser **Cantrece**.

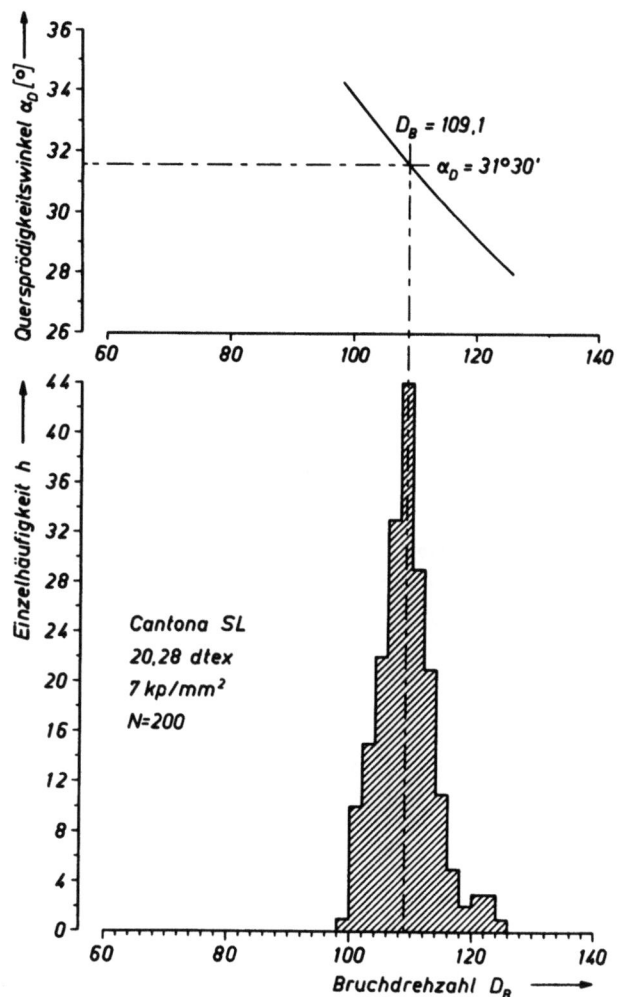

Abb. 21: Einzelhäufigkeit der Bruchdrehzahlen und zugehörige Quersprödigkeitswinkel von Bikomponentenfaser Cantona SL.

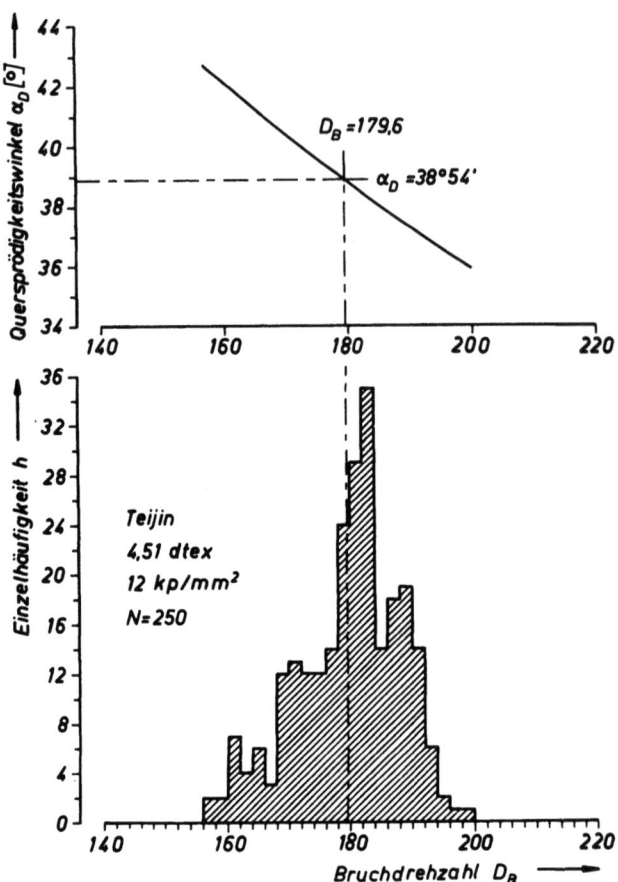

Abb. 22: Einzelhäufigkeit der Bruchdrehzahlen und zugehörige Quersprödigkeitswinkel von Bikomponentenfaser <u>Teijin S 28</u>.

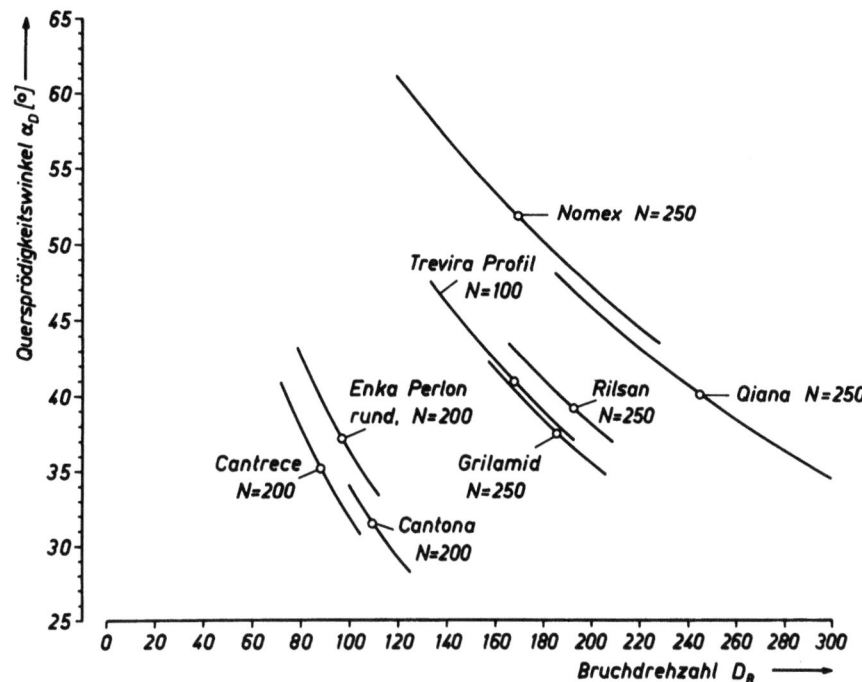

Abb. 23: Bereiche der Quersprödigkeitswinkel in Abhängigkeit von den zugehörigen Bereichen der Bruchdrehzahlen mit Mittelwerten der untersuchten neuen Synthesefasern (die fehlenden Kurven für Teijin und Enka-Perlon Profil lägen in der Darstellung zu dicht neben anderen Kurven!).

Forschungsberichte des Landes Nordrhein-Westfalen

Herausgegeben im Auftrage des Ministerpräsidenten Heinz Kühn
vom Minister für Wissenschaft und Forschung Johannes Rau

Sachgruppenverzeichnis

Acetylen · Schweißtechnik
Acetylene · Welding gracitice
Acétylène · Technique du soudage
Acetileno · Técnica de la soldadura
Ацетилен и техника сварки

Arbeitswissenschaft
Labor science
Science du travail
Trabajo científico
Вопросы трудового процесса

Bau · Steine · Erden
Constructure · Construction material ·
Soilresearch
Construction · Matériaux de construction ·
Recherche souterraine
La construcción · Materiales de construcción ·
Reconocimiento del suelo
Строительство и строительные материалы

Bergbau
Mining
Exploitation des mines
Minería
Горное дело

Biologie
Biology
Biologie
Biologia
Биология

Chemie
Chemistry
Chimie
Química
Химия

Druck · Farbe · Papier · Photographie
Printing · Color · Paper · Photography
Imprimerie · Couleur · Papier · Photographie
Artes gráficas · Color · Papel · Fotografía
Типография · Краски · Бумага · Фотография

Eisenverarbeitende Industrie
Metal working industry
Industrie du fer
Industria del hierro
Металлообрабатывающая промышленность

Elektrotechnik · Optik
Electrotechnology · Optics
Electrotechnique · Optique
Electrotécnica · Optica
Электротехника и оптика

Energiewirtschaft
Power economy
Energie
Energía
Энергетическое хозяйство

Fahrzeugbau · Gasmotoren
Vehicle construction · Engines
Construction de véhicules · Moteurs
Construcción de vehículos · Motores
Производство транспортных средств

Fertigung
Fabrication
Fabrication
Fabricación
Производство

Funktechnik · Astronomie
Radio engineering · Astronomy
Radiotechnique · Astronomie
Radiotécnica · Astronomía
Радиотехника и астрономия

Gaswirtschaft
Gas economy
Gaz
Gas
Газовое хозяйство

Holzbearbeitung
Wood working
Travail du bois
Trabajo de la madera
Деревообработка

Hüttenwesen · Werkstoffkunde
Metallurgy · Materials research
Métallurgie · Matériaux
Metalurgia · Materiales
Металлургия и материаловедение

Kunststoffe
Plastics
Plastiques
Plásticos
Пластмассы

Luftfahrt · Flugwissenschaft
Aeronautics · Aviation
Aéronautique · Aviation
Aeronáutica · Aviación
Авиация

Luftreinhaltung
Air-cleaning
Purification de l'air
Purificación del aire
Очищение воздуха

Maschinenbau
Machinery
Construction mécanique
Construcción de máquinas
Машиностроительство

Mathematik
Mathematics
Mathématiques
Matemáticas
Математика

Medizin · Pharmakologie
Medicine · Pharmacology
Médecine · Pharmacologie
Medicina · Farmacología
Медицина и фармакология

NE-Metalle
Non-ferrous metal
Metal non ferreux
Metal no ferroso
Цветные металлы

Physik
Physics
Physique
Física
Физика

Rationalisierung
Rationalizing
Rationalisation
Racionalización
Рационализация

Schall · Ultraschall
Sound · Ultrasonics
Son · Ultra-son
Sonido · Ultrasónico
Звук и ультразвук

Schiffahrt
Navigation
Navigation
Navegación
Судоходство

Textilforschung
Textile research
Textiles
Textil
Вопросы текстильной промышленности

Turbinen
Turbines
Turbines
Turbinas
Турбины

Verkehr
Traffic
Trafic
Tráfico
Транспорт

Wirtschaftswissenschaften
Political economy
Economie politique
Ciencias económicas
Экономические науки

Einzelverzeichnis der Sachgruppen bitte anfordern

 Springer Fachmedien Wiesbaden GmbH

If you have any concerns about our products,
you can contact us on
ProductSafety@springernature.com

In case Publisher is established outside the EU,
the EU authorized representative is:
**Springer Nature Customer Service Center GmbH
Europaplatz 3, 69115 Heidelberg, Germany**

Printed by Libri Plureos GmbH
in Hamburg, Germany